Wildblumengärten
schön gestaltet

Noel Kingsbury

Wildblumengärten schön gestaltet

Der Ratgeber der
Royal Horticultural Society

Kaleidoskop Buch

INHALT

DER WILDBLUMENGARTEN

Wildblumen sind von subtiler Schönheit, die in einer naturnahen Umgebung am besten zur Geltung kommt. Das bedeutet nicht, daß man große Flächen Wald oder Wiese benötigt, um Wildpflanzen zu ziehen. Wildblumen können auch in ganz konventionellen Gärten wachsen, sei es in der Stadt, in einem Vorort oder auf dem Land. So kann man beispielsweise farbenfrohe Wiesenblumen nicht nur in einer Naturwiese ziehen, sondern auch neben Zierpflanzen in einem Blumenbeet. Viele Zwiebelblumen sehen wunderschön aus, wenn sie sich, um einen freistehenden Baum oder Strauch gepflanzt, Jahr für Jahr üppiger vermehren.

Diese farbenfrohen einjährigen Ackerblumen lassen sich leicht im Wildblumengarten ansiedeln. Kornblume (*Centaurea cyanus*), Klatschmohn (*Papaver rhoeas*) und Ackerkamille (*Anthemis arvensis*) öffnen bereits wenige Monate nach der Aussaat ihre Blüten. Ackerblumen gehören zu den reizvollsten Wildblumen, sind aber sehr kurzlebig. Für dauerhafte Wildblumenpflanzungen werden Stauden verwendet, die jedes Jahr wiederkommen.

Der Rote Sonnenhut (*Echinacea purpurea*) ist ein ausgezeichneter Nektarlieferant für Schmetterlinge wie diesen Schwalbenschwanz.

Sumpfdotterblume (*Caltha palustris*) und Scheinkalla (*Lysichiton americanus*) sind zwei frühblühende Wildblumen für feuchte Standorte. Sie breiten sich rasch aus und bilden in einem traditionellen Garten einen pflegeleichten Bereich.

Ein Wildblumengarten ist ein von der Natur inspirierter Garten, in dem vor allem Wildpflanzenarten in ursprünglicher, natürlicher Weise wachsen. Es ist weder ein verwilderter Garten noch eine Nachbildung der Natur. Vielmehr ist es ein Ort, an dem die Arbeit des Gärtners durch ein Bewußtsein für natürliche Pflanzengemeinschaften und Wuchsformen bestimmt wird. Der Wildblumengärtner arbeitet mit der Natur, indem er nur Pflanzen wählt, die unter den gegebenen Bedingungen gedeihen – denn die meisten Wildblumen brauchen keinen Dünger und wachsen auf magerem Boden. Der Gärtner kann zwar den Rahmen festlegen, muß dann aber die Natur walten lassen. Mit der Zeit entsteht dann durch Selbstaussaat eine zwanglose, natürliche Wirkung, die durch strenge Planung und Bodenbearbeitung allein nicht zu erreichen wäre.

Wildblumen können in der Stadt wie auf dem Land auf unterschiedliche Weise in den Garten einbezogen werden: Ein Wildblumengarten muß nicht notwendigerweise wild oder sogar verwildert sein. Ohne die Anlage eines traditionellen Gartens zu ändern, ohne den gepflegten Rasen oder die Ord-

nung der Blumenbeete anzutasten, kann man eine Vielzahl von Wildblumen in Beeten und Rabatten ziehen, die zu allen Jahreszeiten für Reiz und Farbe sorgen. Allerdings können sie auch in einer Umgebung wachsen, die den natürlichen Bedingungen sehr viel näher kommt, und in diesem Fall spricht man im allgemeinen von einem Naturgarten. Beide Möglichkeiten werden in dem Kapitel »Wildblumen für jeden Garten« auf Seite 15 ff. ausführlich erläutert.

Warum werden heute Wildblumen gezogen?

Unsere Vorfahren, die nur mit Mühe ihre Felder gegen das Vordringen der sie umgebenden Natur verteidigen konnten, hätten die Kultur von Wildblumen als völligen Unsinn betrachtet. Doch heute leben wir in einer Welt, in der kaum noch unberührte Natur existiert und viele der Wildblumen, die für die Generation unserer Großeltern noch ein vertrauter Anblick waren, selten geworden sind, weil ihre natürlichen Lebensräume zerstört wurden. Viele naturbewußte Gärtner wollen das Gleichge-

Die Wildblumen in diesem Olivenhain – Schwertlilien und Margeriten – zeigen, daß sich Pflanzen häufig nicht gleichmäßig verteilen, sondern flächig wachsen.

wicht wiederherstellen, indem sie einige dieser aussterbenden Wildblumen in ihre Gärten integrieren.

In einer zunehmend urbanisierten Welt beginnen Menschen ihre Gärten als ländliches Refugium zu sehen, als Oase in der Betonwüste der Stadt oder der zerstörten Landschaft. Viele unter uns spüren, daß sie das Land oder die Natur zur Entspannung oder geistigen Erholung benötigen. Gewiß, an Feiertagen oder Wochenenden können wir uns dorthin flüchten, doch wieviel wertvoller ist es, wenn man ein Stück Natur in greifbarer Nähe hat, mag es auch noch so klein sein. Die Kultur von Wildblumen ist eine Möglichkeit, dieses Bedürfnis zu befriedigen.

Manche Gärtner wollen vor allem auch neue Lebensräume für Tiere schaffen. Richtig geplant und gepflegt, zieht ein Wildblumengarten eine Vielzahl von Vögeln, Schmetterlingen und anderen Tieren an, was für den Naturfreund eine große Genugtuung ist und für Kinder ein faszinierendes Schauspiel ohne Ende. Natur beruht auf Vielfalt, und je größer die Zahl der Wildblumen, Sträucher und Bäume im Garten ist, um so besser.

Einige Menschen lehnen heute herkömmliche

Gärten schlichtweg ab, weil sie meinen, die Eingriffe in die Umwelt wären dort zu stark, die Pflanzen zu künstlich und die Verwendung von Pflanzenschutzmitteln beträchtlich. So besteht heute ein wachsendes Interesse an einer zwangloseren Form der Gartengestaltung, die die Umwelt nicht weiter belastet. Und ein wichtiges Element dieses neuen Stils sind eben Wildblumen.

Einmal angelegt, ist ein Wildblumengarten pflegeleicht und nicht zuletzt deshalb für Gärtner reizvoll, die keine Zeit haben für Jäten, Schneiden, Aufräumen, Mähen oder andere Arbeiten, die in konventionellen Gärten anfallen. Wildpflanzen sind die Konkurrenz anderer Blumen und Gräser gewohnt und können daher ganz anders gezogen werden als Zierpflanzen. Waldpflanzen und Zwiebelblumen lassen sich einbürgern und breiten sich langsam aus, und eine Wiese braucht vielleicht nur einmal im Jahr einen Schnitt.

In einem Garten, in dem viele Wildblumen wachsen, siedeln sich im Laufe der Zeit noch weitere Pflanzenarten von selbst an, weil Wind, Vögel und andere Tiere Samen dorthin tragen, wo sie ur-

In dieser Spätsommer-
rabatte wachsen Wild-
blumen und einjährige
Bauernblumen gemischt.
Gelb blühen die hohen
Königskerzen (*Verbas-
cum*) und die kleinere
Reseda luteola. Königs-
kerzen sind zweijährig,
samen sich aber üppig
aus und gedeihen, wie die
Reseda, auf leichten,
trockenen Böden.

sprünglich nicht vertreten waren. Faszinierend an einem etablierten Wildblumengarten ist das Gefühl, daß man in Partnerschaft mit der Natur arbeitet und diese sich regenerieren kann.

Was ist eine Wildblume

Wildblumen prägen zu einem großen Teil den Charakter der Landschaft, die wir lieben, ob es sich nun um Teppiche aus Frühlingsblumen wie Hasenglöckchen, Kissenprimeln und Anemonen handelt, das bunte Durcheinander einer Sommerwiese mit Klee, Storchschnabel, Wicken und Flockenblumen oder die üppige Vegetation eines Flußufers, wo Schwertlilien, Schilf, Wegerich und Felberich wachsen. Bis vor kurzem war das Interesse an Wildblumen gering, doch das ändert sich heute, und immer mehr Gärtner möchten in ihrer Umgebung etwas von der ursprünglichen Schönheit der Natur wiederentstehen lassen.

Als Wildblumen kann jede heimische Blütenpflanze bezeichnet werden, und nach dem Verständnis der meisten Menschen ist jede krautige Pflanze, deren oberirdische Teile vor dem Winter absterben und im folgenden Frühjahr wieder erscheinen, eine Wildblume. In diesem Buch werden jedoch auch niedrige und strauchige Pflanzen sowie Farne behandelt.

Viele Gartenpflanzen aber sind »Cultivare«, die auch als Varietäten oder Sorten bezeichnet werden und speziell gezüchtet wurden. Eine Hybride ist eine Kreuzung zwischen zwei Arten, die in der Natur auftreten kann, gewöhnlich aber durch Züchtung entsteht, mit der Absicht, die besten Eigenschaften zweier Elternpflanzen zu vereinigen. Einige Cultivare stammen aus der Natur und wurden aufgrund besonderer Eigenschaften wie Farbe oder Blütengröße für die kommerzielle Vermehrung selektiert. Wieder andere Sorten und Hybriden entstammen weit komplizierteren Kreuzungen und haben wenig Ähnlichkeit mit ihren Vorfahren in der Natur. So würde man dort nie eine Hecke mit gefüllten Rosen oder eine Wiese mit großblütigen Ringelblumen finden.

Eine wachsende Zahl von Gärtnern zieht aber heute die natürliche Schönheit und Zartheit von Wildpflanzen vor. Außerdem sind die Pflanzen häufig robuster. Doch nicht alle Wildblumen sind unbedingt empfehlenswert. Es gibt viele, die kräftig und anpassungsfähig, aber dennoch (für das menschliche Auge) nicht sehr reizvoll sind. In einem konventionellen Garten und vielleicht sogar in einem Naturgarten würden sie als unerwünschte Spontanvegetation (im Volksmund mitunter noch als »Unkraut« bezeichnet) eingestuft werden – als Pflanzen, die zur falschen Zeit am falschen Ort wachsen.

OBEN   Der Autor Noël Kingsbury vor einer buntblühenden Naturhecke.

RECHTS   Unter den ersten Blumen des Jahres in dieser Feuchtwiese befinden sich Schachbrettblumen (*Fritillaria meleagris*). Sie gehören zu den für einen solchen Standort am besten geeigneten Wildblumen, nicht nur, weil sie ungewöhnlich schöne Blüten haben, sondern auch, weil sie sich leicht einbürgern lassen.

Schattenblume (*Smilacina stellata*), *Phlox divaricata* und Frauenfarn (*Athyrium filix-femina*) wachsen üppig an einer schattigen Stelle, die hier im Frühjahr aufgenommen wurde. Der Phlox ist ein guter Bodendecker, und das Laub der anderen Pflanzen sieht den ganzen Sommer über schön aus.

Pflanzen wie etwa Kratzdistel (*Cirsium*), Ampfer (*Rumex*), Brennessel (*Urtica dioica*) und bestimmte Gräser wie Quecke (*Agropyron repens*) können es schwierig, wenn nicht unmöglich machen, andere, reizvollere Pflanzen anzusiedeln, was allerdings nicht heißt, daß diese Pflanzen keinen Wert haben. Ampfer ist ein ausgezeichneter Samenlieferant für kleine Vögel, und Brennesseln sind für Schmetterlingslarven sehr wichtig. Auch diese wuchsfreudigen Pflanzen können ihren Platz haben, etwa in abgelegenen Ecken des Gartens.

Kultur heimischer Pflanzen

Häufig gelten nur solche Pflanzen als Wildblumen, die in der Region, in der sie wachsen, heimisch sind, also nicht etwa von der anderen Seite des Globus stammen. In vielen Gärten gibt es Gewächse, die irgendwann aus entfernten Ländern eingeführt wurden, obwohl entlang der umliegenden Straßen viele heimische Arten wachsen, die ebenso farbenfroh und oft leichter zu kultivieren sind. Allerdings stammt eine ganze Reihe von Pflanzen, die wir für Wildblumen halten, tatsächlich aus anderen Ländern oder Regionen; sie haben sich aber so gut in die heimische Flora eingefügt, daß wir sie heute als heimische Pflanzen betrachten. Beispiele sind etwa die Wegwarte (*Cichorium intybus*) mit ihren herrlichen reinblauen Blüten und die Wilde Möhre (*Dau-*

cus carota) mit ihren wie feine Spitze wirkenden weißen Blütenköpfen, die an den Straßenrändern im Osten der USA ein ebenso vertrauter Anblick sind wie in unserer Landschaft. Und es ist gut, wenn ab und zu ein paar nichtwuchernde »neue« Pflanzen der lokalen Flora hinzugefügt werden. In mancher Hinsicht kann diese zunehmende Vielfalt in kommenden Jahren von großer Bedeutung sein, falls die vorausgesagten Klimaveränderungen stattfinden.

Das Prinzip der Wildblumengärtnerei ist, mit der Natur zu arbeiten und die Pflanzen zu ziehen, die am jeweiligen Standort natürlich gedeihen, statt weitreichende Eingriffe vorzunehmen, um bestimmte Arten pflanzen zu können. Wildblumen und Gräser wie auch Bäume und Sträucher, die in einer Region heimisch sind, sind den örtlichen Bedingungen angepaßt und brauchen daher weder künstliche Bewässerung noch Drainage, Düngung oder Schutz. Für Pflanzen aus Regionen mit anderen klimatischen Verhältnissen dagegen sind im Garten oft beträchtliche Anstrengungen notwendig, damit sie gut gedeihen. Tatsächlich werden viele Gartenarbeiten nur deshalb durchgeführt, um die Wachstumsbedingungen entsprechend den Bedürfnissen der Pflanzen zu ändern – Gartenbesitzer mit nassem Boden verlegen Drainrohre, um vielleicht Lavendel anzubauen; trockene Gärten werden bewässert, damit Schwertlilien wachsen können; saure Böden kalkt man häufig, so daß Rosen besser gedeihen; und alkalischen Böden fügt man Torf hinzu, um Rhododendren zu ziehen. Der Wildblumengärtner verfolgt das entgegengesetzte Ziel und wählt Pflanzenarten aus, die unter den gegebenen Bedingungen wachsen.

Es gibt aber mehrere Gründe, weshalb wir uns nicht völlig auf heimische Arten beschränken sollten, und ich selbst ziehe es vor, im Wildblumengarten heimische und nichtheimische Arten zu mischen. Die lokale Flora kann zu bestimmten Zeiten des Jahres trostlos wirken, und vor allem in Europa ist es in vielen Teilen im Spätsommer und Herbst oft schwierig, mit heimischen Wildblumen für Farbe zu sorgen. Besitzern von kleinen Gärten oder Stadtgärten liegt es häufig besonders am Herzen, die begrenzte Fläche bestmöglich zu nutzen, was bedeutet, daß sie für Pflanzen, die nur kurze Zeit reizvoll aussehen, keinen Platz haben. Sie verwenden vielleicht heimische Wildblumen nur als ein Element in einem Garten, in dem auch Rosen, früh-

Der Frauenschuh (*Cypripedium*) wurde, wie viele andere Orchideen, stark dezimiert, weil er von Händlern in großen Mengen gesammelt wurde. Unglücklicherweise läßt er sich in Gärten nur schlecht einbürgern oder vermehren.

blühende Sträucher oder lange blühende Beetpflanzen wachsen.

Doch Vorsicht! Bei einigen nichtheimischen Wildblumen besteht die Gefahr, daß sie sich außerhalb ihres natürlichen Lebensraumes aggressiv ausbreiten und zu wuchern beginnen. Keine Pflanze, die außergewöhnlich wuchsfreudig ist oder sich stark vermehrt, sollte je in die Nähe der freien Natur gepflanzt werden, da sie sich dort unkontrolliert ausbreiten könnte. Ein bekanntes, abschreckendes Beispiel für eine Pflanze, die in europäische und amerikanische Gärten eingeführt und als Gartenflüchtling in der Natur zu einem großen Problem wurde, ist *Reynoutria japonica*. Es ist außerdem illegal, bestimmte Arten in die Natur einzuführen: In den USA etwa ist die Kultur von Blutweiderich (*Lythrum salicaria*) verboten, der im heimischen Europa nicht besonders invasiv ist, in amerikanischen Feuchtgebieten aber stark wuchert. Wer also auf dem Land einen Naturgarten anlegt und ausgefallene Pflanzenarten möchte, sollte zunächst einmal Erkundigungen einziehen, etwa beim Landwirtschaftsamt oder bei Naturschutzstellen.

Es kommt sogar vor, daß empfehlenswerte Wildblumen in ihrer natürlichen Umgebung zum Problem werden. Ein Beispiel ist die europäische Wiesenmargerite (*Chrysanthemum leucanthemum*), eine reizvolle Hochsommerblume, die sich leicht ansiedeln läßt. Auf fruchtbarem Boden kann sie sich so stark ausbreiten, daß sie kleinere, weniger

kräftige Wildblumenarten erstickt. Die Wachstumskontrolle über potentielle Wucherer ist eine der grundlegenden Aufgaben im Wildblumengarten und wird im Kapitel »Das Anlegen von Wildblumenbiotopen« (Seite 69) behandelt.

Kultur und Schutz von Wildblumen

Bis vor gar nicht langer Zeit war es allgemein üblich, Wildblumen einfach auszugraben und zu verkaufen. Unglücklicherweise befanden sich darunter viele Pflanzen, die sich nur sehr langsam vermehren und daher die Verluste nicht mehr aufgeholt haben. In zahlreichen Fällen führte dies dazu, daß in einigen Gebieten bestimmte Arten ganz verschwunden sind. Schwer betroffen sind zum Beispiel Orchideen. So wurde etwa der Frauenschuh (*Cypripedium*) in ganz Europa und Nordamerika stark dezimiert. Tragischerweise lassen sich wilde Orchideen nur schwer verpflanzen, und die Mehrzahl der ausgegrabenen Pflanzen überlebt im Garten nicht. Aber auch andere schwachwüchsige Waldpflanzen wie Dreiblatt (*Trillium*) und Blutwurz (*Sanguinaria*) wurden zu kommerziellen Zwecken gesammelt.

Die Natur ist nicht unerschöpflich und kann nicht beliebig geplündert werden. Und die große Mehrheit der Gärtner weiß, wieviel Schaden durch das Sammeln von Wildblumen angerichtet wird. Es gibt bestimmte Regeln zum Schutz der Natur, die die meisten Wildblumengärtner sicher nur zu gern befolgen werden:

- Sammeln Sie keine Wildblumen in freier Natur, es sei denn zum Zweck ihrer Rettung. Solche Aktionen aber sollten von einer lokalen Naturschutzorganisation geleitet werden.
- Wenn Sie in freier Natur Samen sammeln, sollten Sie nur kleine Mengen nehmen, und auch dann nur von Arten, die vor Ort üppig wachsen. Dies gilt auch für Stecklingsmaterial.
- Kaufen Sie Wildblumen oder Zwiebeln nur bei Firmen, die ihre Pflanzen selbst ziehen. In Zweifelsfällen sollte man sich nach der Herkunft erkundigen.
- Besondere Vorsicht ist bei seltenen Arten und Pflanzen geboten, die häufig illegal in freier Natur gesammelt werden, wie Orchideen oder Dreiblatt. In Zweifelsfällen die Pflanzen nicht kaufen.

WILDBLUMEN
FÜR JEDEN GARTEN

Viele Gartenbesitzer möchten einen echten Naturgarten anlegen, wozu sich Wildblumen von selbst anbieten. Doch es gibt auch Gärtner, die aufgrund begrenzter Platzverhältnisse oder persönlicher Vorlieben eine formalere Gestaltung mit Rabatten und Rasenflächen bevorzugen, auf die natürliche Schönheit wilder Blumen aber dennoch nicht verzichten möchten. Und nichts spricht gegen diesen Wunsch. Im folgenden Kapitel werden die verschiedenen Möglichkeiten gezeigt, wie in Gärten aller Art Wildblumen einbezogen werden können.

Eine Frühlingswiese mit Obstbäumen, umgeben von einer gemähten Rasenfläche, verleiht diesem Garten natürlichen Charme. In der Wiese wachsen zwischen einer Vielzahl von Gräsern Wiesenkerbel (*Anthriscus sylvestris*), Gänseblümchen (*Bellis perennis*) und Butterblumen (*Ranunculus acris*). Früher im Jahr blühten hier Narzissen. Nach dem Hochsommer wird die Wiese gemäht und den Rest des Jahres nicht höher als 10 cm gehalten.

Möglichkeiten für Wildblumenkulturen

Frühnebel umhüllen diese Wiese in einem ländlichen Garten. Wildblumenpflanzungen und besonders Wiesen können nach Verblühen der Hochsommerblumen ungepflegt wirken. Margeriten (*Chrysanthemum leucanthemum*) aber blühen sehr lange und bilden einen hübschen Kontrast zu den roten Fruchtständen des Ampfer (*Rumex*).

Der Anblick bunter Blumenwiesen oder mit Frühlingsblumen übersäter Waldböden erweckt bei Gärtnern häufig den Wunsch, selbst Wildblumen zu ziehen. Und Wildblumen können durchaus auch in kleinerem, konventionellerem Rahmen wachsen, ja selbst innerhalb einer formalen Gartenanlage oder der hohen Mauern eines Hinterhofes in der Stadt.

Wer Wildblumen in seinen Garten einbeziehen möchte, muß sich aber überlegen, wie weit er dabei gehen will. Sollen im Garten ausschließlich Wildblumen wachsen oder auch traditionelle Gartenpflanzen? Soll ein echter Naturgarten entstehen oder nur ein oder zwei wilde Bereiche innerhalb des Gartens angelegt werden? Oder sollen Wildblumen in Beeten oder Rabatten gezogen werden? Die Größe des Gartens spielt dabei eine wichtige Rolle. Besitzer kleiner Gärten möchten oft einen konventionellen, gepflegten Rasen und Rabatten mit traditionellen Zierpflanzen, die bunte Farben und

kalkulierbaren Wuchs garantieren. Für sie ist ein echter Naturgarten nicht zu empfehlen. Bei kleinen Grundstücken besteht das Hauptproblem darin, daß hier ein Naturgarten sehr leicht ungepflegt und reizlos aussehen kann. Ihre Besitzer werden daher eher daran interessiert sein, wie sich Wildblumen in Rabatten, in Bereiche mit Sträuchern, in Steingärten und Pflanzgefäße einbeziehen lassen.

In größeren Gärten von etwa 500 m² und darüber ist mehr Spielraum für eine naturnahe Gestaltung. Hier sollte ausreichend Platz für einen kleinen natürlichen Bereich sein – etwa ein Stück Wiese, ein kleines Feuchtgebiet neben einem Teich oder Waldblumen unter Bäumen. Aber ein solcher Bereich bedarf einer sorgfältigen Planung, damit er sich gut in den übrigen Garten einfügt. Außerdem muß die Pflanzung den gegebenen Bedingungen gerecht werden, was bedeutet, daß Bodentyp, Lichtverhältnisse und Feuchtigkeit den natürlichen

Wachstumsbedingungen der ausgewählten Pflanzen entsprechen müssen.

Zweifellos sehen Naturgärten im großen Maßstab am schönsten aus. Gärten mit mehr als 2000 m² Fläche, besonders solche auf dem Land, bieten aufregende Möglichkeiten, ausgedehnte naturnahe Bereiche anzulegen. Es ist wichtig, daß Gärten auf dem Lande wie ein Teil der umliegenden Landschaft erscheinen, denn unpassende Pflanzen können das Landschaftsbild fast ebenso verschandeln wie unangemessene Gebäude. Ein Beispiel ist die hohe, dunkle Leyland-Zypresse (*Cupressocyparis leylandii*), die in ländlicher Umgebung mit sommergrünen Bäumen, Wiesen und Hecken häufig so befremdend wirkt. In diesem Kapitel werden wir später noch darauf eingehen, wie die Verwendung von Wildblumen, heimischen Bäumen und Sträuchern dazu beitragen kann, einen Garten in die Landschaft zu integrieren.

Andererseits wollen sich diejenigen, deren Gärten in Städten oder auch Vororten liegen, eher vor der aufdringlichen städtischen Umgebung schützen und einen intimen Bereich entstehen lassen. Wildblumen können dabei sehr hilfreich sein, eine private, ländliche Atmosphäre zu schaffen, und haben selbst in Situationen mit erdrückender Überbauung erfrischende Wirkung.

Das Einbeziehen von Wildblumen

Unabhängig von Größe, Lage und Gestaltungsweise eines Gartens müssen bereits in einem frühen Stadium der Planung bestimmte Überlegungen angestellt werden. Zu den wichtigsten gehört, wie der Garten rund ums Jahr reizvoll wirken kann. Vor allem Besitzer von kleinen Gärtern oder solchen, die teilweise immer direkt im Blickfeld liegen, wünschen sich natürlich, daß diese das ganze Jahr schön aussehen. Andere nutzen ihre Gärten vielleicht nur im Sommer und sind hauptsächlich daran interessiert, daß in diesen Monaten farbenfrohe Blumen wachsen. Doch man muß auch bedenken, wie ein Garten außerhalb der Hauptblütezeit aussieht. Denn was für den einen die natürliche Schönheit der sich im Winde wiegenden Gräser mit ihren Fruchtständen ist, ist für den anderen ungepflegtes Terrain.

Auch die Nutzung des Gartens spielt eine Rolle. Dient er nur gelegentlichen Spaziergängen, oder wird er intensiver genutzt? Familien mit Kindern

können recht hohe Anforderungen an einen Garten stellen. So brauchen etwa kleine Kinder Bereiche mit kurzem, strapazierfähigem Rasen, wo sie spielen können, oder einen in lichtem Halbschatten liegenden Sandkasten, in dem sie vor direkter Sonneneinstrahlung geschützt sind.

Eine weitere Überlegung ist, wieviel Pflege ein Garten erfordert. Zu den Vorteilen von Naturgärten gehört, daß sie relativ pflegeleicht sind. Deshalb sind sie natürlich für Leute sehr geeignet, die wenig Zeit oder Lust für Gartenarbeiten wie Jäten, Stützen oder Schneiden haben. Während der Anfangsphase benötigen jedoch alle Pflanzungen mehr Zeit und Aufmerksamkeit als später, wenn sie sich ihrer Umgebung angepaßt haben und gut etabliert sind.

Vor allem muß gejätet werden, um Spontanvegetation zu entfernen, die die angepflanzten Arten zu ersticken droht. Einige Wildblumenpflanzungen benötigen in dieser Zeit weit mehr Pflege als andere. So ist etwa ein Garten im Kreide-Hügelland arbeitsintensiver als ein Feuchtgebietsbereich. Auch Wildblumenwiesen brauchen in den ersten Jahren sehr sorgfältige Pflege. Vor allem müssen sie regelmäßig geschnitten werden, um das Wachstum robuster Gräser wie Wiesenlieschgras (*Phleum pratense*) und wuchsfreudiger Wildblumen wie Schafgarbe (*Achillea millefolium*) zu begrenzen.

In diesen prächtigen natürlichen Rabatten haben sich die Wildblumen mit Gartenpflanzen vermischt und ihre Plätze selbst gewählt. Eine solche Pflanzung paßt auch in einen kleinen konventionellen Garten, wenn dieser zwanglos gestaltet ist. Die Rote Spornblume (*Centranthus ruber*) im Vordergrund ist eine Wildblume, die sich leicht ausbreitet, aber nicht wuchert. Sie eignet sich besonders gut für trockene oder steinige Böden.

Das Einbeziehen von Wildblumen in Rabatten

Der lockere Wuchs des leuchtendrosa Storchschnabel (*Geranium endressii*) und des Waldziest (*Stachys sylvatica*) bildet einen hübschen Gegensatz zu den klaren Formen der Koniferen. Wildblumen können wirkungsvoll eingesetzt werden, um Kontraste wie diese zu schaffen. Storchschnabel blüht beinahe den ganzen Sommer hindurch.

Wildblumen können in ganz ähnlicher Weise in Beeten und Rabatten gezogen werden wie herkömmliche Gartenpflanzen, und möglicherweise ist dies die einfachste Art, sie in kleine Gärten zu integrieren. Die klare Trennlinie zwischen Wildblume und Gartenpflanze ist sowieso sehr schwer zu ziehen, denn schließlich sind viele Gartenblumen mit ihren wilden Vorfahren identisch, und es gibt keinen Grund, warum nicht viel mehr Wildblumen als allgemein üblich in die Rabatten einbezogen werden sollten.

Die für Gärten kultivierten Pflanzen wurden aufgrund von bestimmten Eigenschaften ausgewählt, etwa weil sie einen kompakten Wuchs oder eine lange Blühperiode haben. Darüber hinaus konzentrieren sie auf kleiner Fläche kräftige Farben. Daher wirkt ein traditioneller Blumengarten, verglichen mit Pflanzengemeinschaften in freier Natur, enorm bunt. Aber die Entwicklung vieler Wildblumen ist nicht so kalkulierbar, wie es sich Gärtner oft wünschen, deshalb sind sie in einem formalen Garten nur begrenzt zu empfehlen. In einem natürlichen Garten aber sind der lockere, weniger kontrollierbare Wuchs einiger Wildblumen und die Tendenz mancher, sich willkürlich auszusäen, von außergewöhnlichem Reiz. Und wenn die gedämpf-teren Farben und kleineren Blüten von Wildblumen auch nicht jeden ansprechen, sind ihre subtile Schönheit und die Zwanglosigkeit der Pflanzungen das, was sie für eine großzügige und offene Gartengestaltung wertvoll macht.

Dennoch gibt es viele Wildblumen, die alle Charakteristika guter Rabattenpflanzen besitzen (siehe Liste Seite 25), obgleich sie nie ernsthaft in Gärten kultiviert wurden. Und diese Blumen sind es, die sich am leichtesten in konventionelle Gartenanlagen einfügen. So vertraut sie uns in freier Natur auch sein mögen, im Garten können sie zu einem ungewöhnlichen Element werden, einfach deshalb, weil ihr Anblick in der Rabatte ungewohnt ist. Selbst auf jene Wildblumen, die sich nicht unmittelbar als Rabattenpflanzen anbieten, braucht man nicht zu verzichten. Wenn eine Wildblume beispielsweise eine kurze Blühperiode hat, spielt dies keine große Rolle, sofern sie in der Rabatte von lange blühenden Zierpflanzen umgeben ist.

Mit Zierpflanzen harmonierende Wildblumen

Wichtig ist, die richtigen Wildblumen für Rabatten auszusuchen, das heißt Arten, die zu den Gartenpflanzen passen und sie vorteilhaft zur Geltung bringen. Wildblumen für Rabatten sollten so auffällig sein, daß sie neben bunten Zierpflanzen nicht zu übersehen sind, wie etwa die Rote Lichtnelke (*Silene dioica*), deren herrliche tiefrosa Blüten fast das ganze Frühjahr halten, beziehungsweise die leuchtendblau-violette Knäuel-Glockenblume (*Campanula glomerata*). Oder sie müssen andere Funktionen in der Rabatte übernehmen. Ein Beispiel sind hier die anmutigen Fruchtstände der Weberkarde (*Dipsacus sativus*), die auch noch mitten im Winter reizvoll wirken. Eine weitere Möglichkeit wäre die Pflanzung der Süßdolde (*Myrrhis odorata*) gleich neben einigen prächtigen Astilben-Cultivaren. Beide gedeihen in einer leicht schattigen Rabatte gut, wo das filigrane Laub und die duftigen Blüten der Süßdolde einen schönen Hintergrund für die kräftigeren Formen und Farben der Astilben bilden. Wenn beide Pflanzen verblüht sind, sind die mahagonifarbenen Fruchtstände der Süßdolde immer noch schön.

Einige Wildblumen entfalten Blüten von grandio-

RECHTS In diesem Garten haben sich Farne wie Gemeiner Wurmfarn (*Dryopteris filix-mas*) und Hirschzunge (*Phyllitis scolopendrium*) zwischen Steingartenpflanzen wie Reiherschnabel (*Erodium*) und Thymian ausgebreitet.

UNTEN Diese bunte Rabatte am Fuß einer Mauer zeigt, wie farbenfroh Wildblumen sein können: Fingerhut (*Digitalis purpurea*), Nachtviole (*Hesperis matronalis*), Ackerhahnenfuß (*Ranunculus arvensis*), Wildes Stiefmütterchen (*Viola tricolor*) und *Chrysanthemum segetum*.

zen. In einer größeren Rabatte gibt es vielleicht auch Platz für Wildblumen, die sich üppig ausbreiten, wie die Goldnessel (*Lamiastrum galeobdolon*), oder freigebig aussamen, wie das Scharbockskraut (*Ranunculus ficaria*), die kleinere Rabatten allerdings auch überwuchern können. Solange die Selbstaussaat unter Kontrolle bleibt, können durch sie willkürlich verteilte Blütenstände überraschende Effekte erzielen. Auf neutralem oder saurem Boden ist Fingerhut (*Digitalis purpurea*) besonders schön, dessen hohe, schmale, purpurrosa Blütenstände selten anderen Pflanzen ins Gehege kommen. Auf alkalischeren Böden können Nesselblättrige Glockenblume (*Campanula trachelium*) und Breitblättrige Glockenblume (*C. latifolia*) sehr vielseitig Verwendung finden.

Ein eher praktischer Aspekt bei der Kombination von Pflanzen ist das Problem, das durch die Wuchsfreudigkeit einiger Wildblumen entsteht, die überhand nehmen, wenn sie nicht, wie in freier Natur, durch Nachbarn in Schach gehalten werden. Dieses Problem taucht nicht auf, wo alle gezogenen Pflanzen wuchsfreudig sind und sich behaupten können. Schwächere Arten können jedoch leicht er-

ser Schönheit, die aber so vergänglich ist wie ein Feuerwerk, während andere zuverlässig monatelang für Farbe sorgen. Je kleiner ein Garten ist, desto wichtiger sind Pflanzen der zweiten Kategorie, zu denen beispielsweise einige winterharte rosa Storchschnabel-Arten wie *Granium endressii* oder *G. versicolor* gehören. Auch viele Wiesenblumen des Spätsommers haben eine lange Blühperiode, wie etwa Flockenblume (*Centaurea*) und Garbe (*Achillea*).

Gärtner, die Tiere in den Garten locken wollen, beziehen auch Wildblumen mit ein, die nicht ganz so prächtig aussehen, dafür aber für bestimmte Insekten und andere Tiere wichtig sind. So schmälern beispielsweise einige Exemplare des unscheinbaren Knoblauchkrautes (*Allilaria petiolata*) kaum den Reiz einer Rabatte und sind eine reiche Nahrungsquelle für die Raupen des Aurorafalters.

Vielleicht möchten Sie in einer halbschattigen gemischten Rabatte, die bis zu einem halben Tag Sonne erhält, neben Sträuchern wie Kamelien und Rhododendren (bei saurem Boden) und Stauden wie Astilben und Funkien auch Wildblumen pflan-

stickt werden. Manche Wildblumen samen sich in üppiger Fülle aus, wie Kuckucksblume (*Lychnis floscuculi*) oder Jakobsleiter (*Polemonium caeruleum*), während andere über ein Wurzelsystem verfügen, das in einiger Distanz zur Elternpflanze immer wieder neue Pflänzchen ans Licht bringt, wie Rainfarn (*Chrysanthemum vulgare*) und *Solidago canadensis*. Dieses Verhalten mag in einem Naturgarten oder einer sehr zwanglosen Rabatte willkommen sein, doch in einem kleinen, strenger geordneten Garten kann es zusätzliche Arbeit bedeuten. Hier muß jeder Gärtner für sich die Entscheidung treffen, wieviel Zeit er für das Jäten von zu üppig gedeihenden Wildblumen aufbringen kann oder möchte.

Es besteht auch die Möglichkeit, daß sich Wildblumen von allein als Spontanvegetation in der Rabatte ansiedeln. Hier sollte man praktisch denken und sie nicht einfach deshalb ausreißen, weil sie nicht gepflanzt wurden. Falls es sich um einigermaßen hübsche Pflanzen handelt, die weder die Farbkomposition beeinträchtigen noch andere Pflanzen in der Rabatte ersticken, läßt man sie einfach stehen und wartet ab, was passiert. Vielleicht gibt es eine hübsche Überraschung. Überlegen Sie aber gut, bevor Sie zulassen, daß sie sich aussamen oder zu weit ausbreiten. Eines meiner beliebtesten Beispiele ist hier das Ruprechtskraut (*Geranium robertianum*), eine einjährige Blume, die ungemein reizvolle Kissen aus rosa Blüten und feingeteilten rötlichen Blättern bildet. Doch wehe, wenn sie sich aussamen kann – dann erscheinen im nächsten Jahr Hunderte von Exemplaren!

Die Jahreszeiten

Die meisten Rabatten in kleineren Gärten sind heute gemischte Rabatten, das heißt, sie bestehen aus Sträuchern, Zwiebelblumen, Stauden und manchmal auch Ziergräsern, einjährigen Blumen und Beetpflanzen. Dahinter steht die Idee, daß eine solche Mischung rund ums Jahr reizvolle Elemente bietet. Das Frühjahr ist die Zeit der Sträucher und Zwiebelblumen, im Sommer blühen Stauden und Einjahresblumen, und im Herbst öffnen einige späte Stauden ihre Blüten, und manche Sträucher tragen herrlich gefärbtes Laub. Im Winter wiederum sorgen die Immergrünen und Stauden oder Gräser mit ihren Fruchtständen für einen reizvollen Anblick. Wer Wildblumen in eine gemischte Rabatte einbeziehen möchte, muß sich besonders sorgfältig damit beschäftigen, wie stark sich die Pflanzen im Laufe

Wildblumen in einem kleinen Garten

Blütensträucher und Rabattenpflanzen sind das Grundgerüst in der Konzeption dieses Gartens mit Südlage. Einjährige Bauern- und Ackerblumen bilden hübsche Farbtupfer in einer ländlichen Atmosphäre. Im Hintergrund des Gartens führt ein Weg durch einen mit Kletterpflanzen bewachsenen Bogen zu einem Wildblumenrasen und einem kleinen Teich. In dem feuchten Bereich wachsen hohe Pflanzen wie etwa Schwertlilien, Wasserminze und Mädesüß. Die schattige Rabatte am Fuß der hinteren Mauer wurde mit wilden Waldblumen bepflanzt.

1 Haus
2 Gepflasterte Terrasse
3 Pflanzgefäße mit Wildblumen wie *Geranium*
4 Pflanzung aus einjährigen Bauernblumen wie *Calendula*, *Limnanthes* und *Nigella*
5 Mauer mit Kletterpflanzen wie *Hedera*, *Clematis* und *Parthenocissus quinquefolia*
6 Staudenrabatte mit Wildblumen und Gartenpflanzen: *Campanula*, *Carduus*, *Achillea* und *Polemonium*
7 Ziegelweg
8 Spalier mit *Lonicera*, *Rosa canina* und Kletterrosen
9 Bogen
10 Wildblumenrasen
11 Teich
12 Feuchtgebiet mit hohen Pflanzen: *Iris*, *Mentha aquatica* und *Filipendula ulmaria*
13 Schattenbereich mit Farnen: *Myrrhis odorata*, *Hosta*, *Astilbe*, *Campanula* und *Digitalis*
14 Gemüsebeet mit Salat
15 Kleine Sträucher
16 Einjährige Ackerblumen
17 Blütenstrauch

der Jahreszeiten ausbreiten. In dem Kapitel »Das Gartenjahr« (Seite 103) finden Sie einige Anregungen, wie Wildblumen zu verschiedenen Zeiten des Jahres zum Reiz eines Gartens beitragen können.

Wie andere Stauden auch, harmonieren Wildstauden gut mit Sträuchern. Da viele für den Garten empfehlenswerte Sträucher Frühjahrsblüher sind, kann es sein, daß es von Hochsommerbeginn bis zum Herbst wenig Spektakuläres zu sehen gibt. Dies ist besonders dann der Fall, wenn prachtvollen Blüten reizlose Blätter folgen, wie etwa bei Forsythien. Wenn man aber um frühjahrsblühende Sträucher wie Schneeball (*Viburnum*) wilde Sommerblumen, etwa Flockenblumen (*Centaurea*) zieht, sieht die Pflanzung weit länger reizvoll aus. Man muß aber darauf achten, daß zwischen neugepflanzten Sträuchern und Wildblumen ausreichend Abstand ist (mindestens 50 cm), weil die Sträucher sonst möglicherweise schlecht anwachsen. Später kann man um sommergrüne Sträucher – und, sofern dort Platz vorhanden ist, auch unter ihre Zweige – wilde Frühjahrsblumen wie Kissenprimeln (*Primula vulgaris*) setzen.

Wilde Sommerblumen, die mit Sträuchern in einer gemischten Rabatte wachsen, müssen eine angemessene Größe haben. Einige Goldruten (*Solidago*) etwa können 2 m hoch werden, und wenn sie vor einem nur 1 m hohen Strauch stehen, sieht man diesen nicht mehr. Dagegen wirkt ein niedriger Storchschnabel wie *Geranium sanguineum* mit nur 30 cm Höhe zu Füßen eines 3 m hohen Flieders (*Syringa*) unscheinbar. Meiner Ansicht nach sollten Wildblumen in gemischten Rabatten ein bis zwei Drittel der Höhe der Sträucher haben.

Die Gärten in gemäßigten Zonen sind meist im Frühjahr und Frühsommer am schönsten, da vom Hochsommer an die Zahl der blühenden Pflanzen nach und nach abnimmt. Wie man den Garten im Spätsommer, in dem er am häufigsten genutzt wird, mit Farbe füllt, ist eine Frage, die schon viele Gärtner beschäftigt hat. Tatsächlich stehen für diese Jahreszeit zahlreiche empfehlenswerte Wildblumen zur Verfügung. Viele von ihnen stammen aus Nordamerika, und ihr einziger Nachteil ist, daß sie oft recht hoch werden, für kleine Gärten vielleicht zu hoch, oder leicht einen etwas verwilderten Eindruck machen. Für zahlreiche Gärtner sind Beetpflanzen wie Fleißige Lieschen (*Impatiens walleriana*), Petunien (*Petunia*) und *Tagetes* die wichtigsten Spätsommerpflanzen, und ich sehe keinen Grund, warum sie nicht verwendet werden sollten, um zwischen früher blühenden Wildblumen leuchtende Farbtupfer zu setzen.

Geeigneter als Beetpflanzen sind aber winterharte Einjahresblumen, die an Ort und Stelle gesät werden und nur eine Saison halten. Einige von ihnen blühen häufig noch lange, nachdem die Hauptblütezeit der Wildblumen im Frühjahr und Frühsommer vorbei ist. Und viele haben den Vorteil, daß sie klein sind und leicht zu ziehen. Zu den besonders farbenfrohen Arten gehören Hainblume (*Nemophila maculata*), Sumpfblume (*Limnanthes douglasii*) und Duftmargerite (*Brachyscome iberidifolia*). Dann gibt es Pflanzen, die häufig mit Bauerngärten assoziiert und von vielen für Wildblumen gehalten werden wie Jungfer im Grünen (*Nigella damascena*), Scharlach-Salbei (*Salvia viridis*), Ringelblumen (*Calendula officinalis*) und Kosmeen (*Cosmos*).

Mehrere der bekannten und farbintensiven Wildblumen wurden früher als Ackerunkräuter bezeichnet. Zu ihnen gehören Klatschmohn (*Papaver rhoeas*), Kornblumen (*Centaurea cyanus*) und Kornrade (*Agrostemma githago*). Diese wilden Ackerblumen blühen kürzer als viele einjährige Gartenpflanzen und sollten deshalb im Frühjahr und Frühsom-

Herbstlaub wird wundervoll ergänzt durch Gräser, deren fedrige Fruchtstände im Licht der niedrigstehenden Sonne besonders schön zur Geltung kommen. Große Ziergräser lassen sich gut mit Wildblumen und Sträuchern kombinieren, doch sollte man darauf achten, daß sie nicht zu den wuchernden Arten gehören. Die Gräser hier unterstreichen die rostroten Herbsttöne der sommergrünen Sträucher und erhalten bis spät ins Jahr hinein den Reiz dieser Wildblumenpflanzung.

Eine Wildblumenrabatte für Schmetterlinge

Man kann eine Rabatte entweder nur mit Wildblumen bepflanzen oder diese mit anderen Gartenpflanzen mischen. Hier ist eine Pflanzung abgebildet, für die anstelle konventioneller Rabattenpflanzen Wildstauden verwendet wurden. Ihre Hauptblütezeit ist der Spätsommer, in dem es sonst nicht sehr viel Farbe im Garten gibt. Zu dieser Jahreszeit aber sind Schmetterlinge am zahlreichsten, und die ausgewählten Blumen sind Nektarlieferanten. Gute Schmetterlingspflanzen haben meist zahlreiche kleine Blüten, deren Köpfe dicht zusammenstehen. Viele dieser Wildblumen tragen im Herbst auch Fruchtstände, die kleinen samenfressenden Vögeln wie Finken als Nahrung dienen. Alle Blumen sind wuchsfreudig, lieben die Sonne und stellen keine Ansprüche an den Boden. Sie können wie normale Rabattenpflanzen behandelt werden.

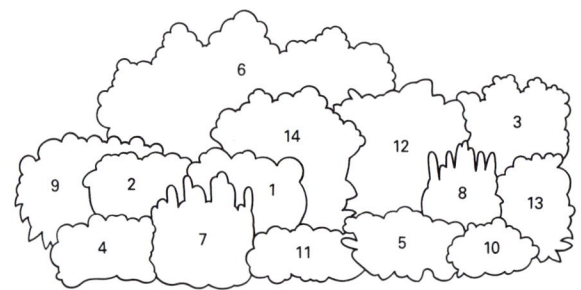

1   *Achillea millefolium* (Schafgarbe): Wird bis 80 cm hoch und hat filigranes, dunkelgrünes Laub, über dem im Hoch- und Spätsommer flache weiße Blütenköpfe erscheinen; wuchsfreudige Pflanze.

2   *Asclepias tuberosa* (Seidenpflanze): 80 cm hohe Pflanze, die im Hoch- und Spätsommer zahlreiche Schmetterlinge anlockt.

3   *Aster novae-angliae* (Rauhblattaster): Wird bis 1,5 m hoch und blüht oft bis in den Herbst hinein.

4   *Coreopsis auriculata* (Mädchenauge): 50 cm hohe, kompakte Pflanze, die auch etwas Schatten verträgt. Andere *Coreopsis*-Arten sind größer.

5   *Daucus carota* (Wilde Möhre): Erreicht bis 60 cm Höhe und kann sich stark ausbreiten; gegebenenfalls zurückschneiden.

6   *Eupatorium maculatum* (Wasserdost): Wuchsfreudige Pflanze, die bis 2,5 m hoch wird und am besten auf feuchtem Boden wächst. Es gibt auch kleinere Arten.

7   *Liatris spicata* (Prachtscharte): Wird bis 90 cm hoch und hat eine ungewöhnliche Blü-

tenform; sieht besonders mit gelben Blüten
hübsch aus.
8   *Lobelia cardinalis*: Diese bis 90 cm hohe
Pflanze gedeiht am besten auf feuchten Böden.
9   *Monarda didyma* (Indianernessel): Wird
bis 1 m hoch und bevorzugt feuchten Boden.
10   *Origanum vulgare* (Dost): Kann bis zu

50 cm hoch werden, ist aber meist kleiner.
11   *Sedum spectabile*: Wird 40 cm hoch und
blüht oft spät. Hybriden dieser Wildblume
sollte man meiden, da sie keine Schmetterlinge anlocken.
12   *Solidago odora* (Goldrute): Erreicht bis
1,5 m Höhe. Alle Goldruten sind gute, späte
Schmetterlingspflanzen.

13   *Succisa pratensis* (Teufelsabbiß): Wird
bis 90 cm hoch, hat halbkugelige dunkelblaue,
seltener rosa Blüten und wächst buschig; verträgt etwas Schatten.
14   *Verbena bonariensis*: Bis 1,5 m hohe,
ungewöhnliche Pflanze mit langer Blütezeit;
sehr kalte Winter verträgt sie nicht, aber sie
samt sich aus.

mer im Abstand von wenigen Wochen wiederholt gesät werden (siehe Seite 84), um ihre Blühperiode zu verlängern. Alle diese Einjahresblumen können in einer toten Ecke des Gartens wachsen, wo immer sich ein Stückchen nackte Erde befindet, oder in einem Bereich, der im Sommer einer Aufheiterung bedarf.

Pflege von Wildblumen in der Rabatte

In Rabatten verhalten sich Wildblumen oft anders als in freier Natur oder in der Umgebung eines wilden Gartens. In der Natur wachsen Wildblumen meist dicht an dicht mit Artgenossen oder Gräsern, doch in einer Rabatte fehlt diese Konkurrenz der unmittelbaren Nachbarn, deshalb werden sie hier mitunter größer und üppiger. Das kann in einem Garten zwar von Vorteil sein, es bedeutet aber auch, daß die Pflanzen möglicherweise zu hoch und schwächlich werden, vor allem, wenn sie überhaupt keine Nachbarn mehr haben, die ihnen Halt geben. Obwohl die meisten Wildblumen ohne Stütze aufrecht stehen und Wind und Wetter besser trotzen als ein großer Teil der Gartenpflanzen, ist es manchmal notwendig, sie wie traditionelle Rabattenpflanzen (etwa Rittersporn) zu stützen.

Die winterharten Storchschnabel-Arten (*Geranium*) sind ein gutes Beispiel dafür, wie anders Pflanzen im Garten wachsen. In einer Wiese oder Hecke werden ihre lange blühenden Stengel und langstieligen Blätter von den umgebenden Gräsern und Wildblumen gestützt, wobei ihre Blüten im weiten Radius verteilt zwischen den Nachbarpflanzen herauslugen. Im Garten, wo es keinen Kontakt zu Nachbarn gibt, bildet das Laub kompakte Hügel, aus denen die Blüten nebeneinander aufragen. Und nach der Blüte, besonders in nassen Sommern, können die Pflanzen umknicken und bieten dann keinen sehr schönen Anblick.

Wie die meisten Stauden gewöhnen sich auch Wildblumen rasch in Rabatten ein und gedeihen bereits im zweiten Jahr nach dem Pflanzen gut. Sie benötigen nur wenig Pflege und können im allgemeinen wie jede andere Rabattenpflanze behandelt werden. Wie bereits erwähnt, müssen Arten, die sich zu kräftig ausgebreitet oder ausgesamt haben, vereinzelt werden, und einige brauchen vielleicht eine Stütze. Die Hauptaufgabe besteht aber darin, einmal im Jahr die abgestorbenen Triebe zu entfernen. Man tut dies am besten im Spätwinter oder zu

Frühjahrsbeginn, in Gegenden, die keine strengen Winter haben, auch im Herbst. Darüber hinaus sollten in regelmäßigen Abständen auch welke Blüten entfernt werden.

Wildblumen in Stadtgärten

Stadtgärten werfen beträchtliche Probleme auf, aber sie haben auch einige Vorteile. Oft ist die Erde dünn und voller Schutt, Gebäude werfen starken Schatten oder bilden Windkanäle, und die Luft ist fast überall verschmutzt. Ein Vorteil ist jedoch, daß Stadtgärten stets wärmer als das Umland sind, und je größer eine Stadt, desto wärmer ist es dort.

Der Wildblumengärtner steht hier mitunter noch größeren Herausforderungen gegenüber als der konventionelle Gärtner, da die Zwanglosigkeit von Wildblumen schwerer in herkömmliche Stadtgärten zu integrieren ist. Um in der Stadt mit Erfolg einen Wildblumengarten anzulegen, muß jede Möglichkeit und jeder noch so winzige Platz genutzt werden. Lassen Sie an allen senkrechten Flächen Kletterpflanzen emporranken und in Ritzen von Mauern und Pflastern kleine Blumen, wie etwa Gebirgspflanzen, wachsen. Füllen Sie schattige Ecken und Winkel mit schattentoleranten Farnen und Waldpflanzen, und lockern Sie harte Oberflächen mit Pflanzgefäßen auf. Mit etwas Phantasie kann man selbst auf kleinstem Raum verblüffend viele Arten unterbringen und einen Stadtgarten üppig begrünen.

Höhere Pflanzen, wie Sträucher und Klettergewächse, haben in Stadtgärten die Aufgabe, Grenzen aufzulockern oder aufdringliche Gebäude zu verbergen. Kletterpflanzen sind für Stadtgärten besonders geeignet, weil sie senkrechte Flächen begrünen, aber nur wenig Boden beanspruchen. Vielleicht möchten Sie alle Mauern und Zäune mit Kletterpflanzen wie Geißblatt (*Lonicera sempervirens*), Staudenwicken (*Lathyrus latifolius*) und Efeu (*Hedera*) begrünen und Spaliere für sie errichten, um häßliche Aussichten außerhalb des Gartens zu verbergen. Bögen, die Wege überspannen, bieten auf beiden Seiten Platz für eine Kletterpflanze, wie etwa eine Hundsrose (*Rosa canina*) und ein Waldgeißblatt (*Lonicera periclymenum*), und haben den Effekt, daß sie den Garten räumlich aufteilen.

Im Stadtgarten geht es darum, wie man auf kleinem Raum möglichst viele Pflanzen ziehen kann.

Dodecatheon meadia
Die Götterblume ist eine wunderbare Wildstaude, die im Frühjahr die Aufmerksamkeit auf sich zieht. Nach der Bestäubung wenden sich ihre blaßrosa Blüten gen Himmel, und die zurückgeneigten Petalen stehen über dem Laub. Die Pflanze fühlt sich in Sonne oder Halbschatten wohl, braucht jedoch während der Wachstumsperiode im Frühjahr reichlich Feuchtigkeit. Im Sommer stirbt sie ab, und in der Ruhezeit verträgt sie auch Trockenheit. Pflanzen für das kommende Frühjahr sollten im Herbst gesät werden.

In diesem von einer Mauer umgebenen Stadtgarten haben sich Wildblumen und Gartenpflanzen alle Bereiche erobert. Kletterpflanzen bedecken die Mauern und den Schuppen, und üppig bepflanzte Gefäße schmücken das Pflaster. So verwendete Wildblumen bilden erfrischende Elemente in einer städtischen Umgebung.

FÜR RABATTEN GEEIGNETE WILDBLUMEN

Aquilegia canadensis
Dieser Frühlingsblüher gedeiht gut in leichtem Schatten. Am wirkungsvollsten ist eine Gruppe von Pflanzen.

Gaura lindheimerii
Im Hochsommer und Herbst trägt die Prachtkerze an zarten Stengeln ährenartige reinweiße Blüten.

Myrrhis odorata
Die Süßdolde ist eine großartige Pflanze mit reizvollem filigranem Laub und dunkelbraunen Fruchtständen, die im Hochsommer weiße Blüten öffnet. Sie wird bis zu 1 m hoch und gedeiht im Halbschatten.

Succisa pratensis
Diese robuste, anpassungsfähige Sommerblume lockt Schmetterlinge und Vögel an. Sie wird bis zu 1 m hoch und wächst buschig.

Tanacetum (Chrysanthemum) vulgare
Kräftige, bis zu 1,2 m hohe Pflanze, die man am besten hinten in eine sonnige oder halbschattige Rabatte setzt. Sie entwickelt spät gelbe Knopfblüten.

Thermopsis caroliniana
Robuste gelbe Frühsommerblume mit reizvollen Blättern und Fruchtständen. Die Fuchsbohne wird bis zu 1,5 m hoch und hält sich in einer sonnigen Rabatte viele Jahre.

In einer alten Mauer etwa können in Spalten und Lücken zwischen den Steinen Pflanzen wachsen. Kleine, kalkliebende Pflanzen wie Nelken (*Dianthus*), Farne (*Asplenium*) oder Engelsüß (*Polypodium vulgare*), Fetthenne (*Sedum*) und zahlreiche Gebirgspflanzen gedeihen hier prächtig, oft in einem Minimum an Erde. Kleine Wildblumen wachsen gut in Pflasterspalten, und nur wenige Millimeter breite Ritzen können einer erstaunlich vielfältigen Flora Platz bieten. Die oben aufgeführten Mauerpflanzen entwickeln sich auch hier gut, ebenso kleiner Thymian (*Thymus caespitosus*), Taubnesseln (*Lamium*) und Römische Kamille (*Chamaemelum nobile*). Die schönsten Pflanzen für Pflaster oder Mauern sind diejenigen, deren Wurzeln sich in jeder Ritze ausbreiten und auch noch weit von der ursprünglichen Pflanzstelle Triebe und Blüten entwickeln. Diese Eigenschaft haben zum Beispiel Alpenleinkraut (*Linaria alpina*) und mehrere Glockenblumen wie *Campanula poscharskyana, C. rotundifolia* und *C. portenschlagiana*.

Durch die Kultur von Wildblumen in Gefäßen hat man viele Möglichkeiten, gepflasterte Bereiche

oder Hinterhöfe mit hartem Bodenbelag aufzulockern und einladend zu gestalten. Ein Pflanzgefäß muß Abzugslöcher besitzen und mindestens 15 cm tief sein, sofern nicht ganz kleine Wildblumen darin wachsen. Eine Tiefe von 30 cm erlaubt die Kultur einer ganzen Reihe von Pflanzen. Das Substrat sollte ausreichend Nährstoffe für die ganze Wachstumsperiode enthalten. Ideal ist handelsübliches Substrat auf Lehmbasis, das jedoch durchlässig sein muß. Die meisten der zur Bepflanzung von Kübeln brauchbaren Wildblumen wachsen zu kräftig, um länger als eine Wachstumsperiode in einem Topf bleiben zu können. Man sollte sie deshalb jedes Frühjahr teilen und neu pflanzen. Für Pflanzgefäße eignen sich am besten mittelgroße bis kleine, buschigwachsende Wildblumen mit flachem Wurzelsystem, wie etwa Storchschnabel (*Geranium*), Wolfsmilch (*Euphorbia*), Hasenglöckchen (*Hyacinthoides* syn. *Scilla non-scripta*) und Flockenblumen (*Centaurea*), kleinere Arten des Mädchenauges (*Coreopsis*), Skabiosen, Knautien, Teufelsabbiß (*Succisa*), Veilchen und verschiedene Farne. Letztere müssen kühl gehalten und gut gewässert werden.

Das Gestalten wilder Gartenbereiche

In einem Garten herrschen in jeder Ecke andere Wachstumsbedingungen, und ein Gärtner, der mit den Bedürfnissen seiner Pflanzen vertraut ist, kann die Möglichkeiten, die sich dadurch bieten, nutzen. Vielleicht gibt es einen sonnigen Hang – der ein etwas wärmeres Kleinklima als der restliche Garten hat und besser drainiert ist –, einen schattenspendenden Baum oder eine Senke, in der mitunter Staunässe entsteht. Auch die Bodenbedingungen können, insbesondere in größeren Gärten, überraschend variieren, nicht nur aufgrund geologischer Faktoren, sondern auch infolge von Erdbewegungen, die beim Bau des Hauses durchgeführt worden sind.

Manche Gärtner betrachten Gegebenheiten wie Schatten oder undurchlässigen Boden oft als Problem, doch sollte man darin eher eine Chance sehen, um im Garten einen wilden Bereich zu schaffen, in dem Pflanzen wachsen, die gerade diese Bedingungen mögen. Jeder Standort, so klein er auch sein mag, kann genutzt werden, um bestimmten Pflanzen eine Heimat zu bieten. So kann etwa ein Stück magerer Boden in voller Sonne der ideale Platz sein, um mit einer Wildblumenwiese zu beginnen. Ein schlecht drainierter Bereich wiederum ist ein guter Ort für wilde Feuchtgebietsblumen wie Wasser-Schwertlilie und Felberich, und ein schattiger Bereich unter Bäumen oder am Fuße einer Hecke bietet sich für wilde Waldblumen, Frühlingszwiebelblumen und Farne an.

Auch wenn der entscheidende Punkt bei der Planung von Naturgartenbereichen der ist, sie dort anzulegen, wo sich Boden und klimatische Bedingungen eignen, müssen auch noch andere Aspekte berücksichtigt werden. Einige davon sind visueller Art – so sollte man für schöne Übergänge von strenger geordneten zu wilden Bereichen sorgen –, andere eher praktischer Natur, wie etwa die Frage des Zugangs und die Einbeziehung von Wegen. Die besten Plätze für wilde Bereiche sind häufig die Ränder des Gartens, deren Möglichkeiten nur selten ausgeschöpft werden. Statt diese Außenbereiche zu ignorieren oder lediglich als Hintergrund zu nutzen, können sie durch sorgfältige Planung zu einem Teil des Gartens werden, der dem Hauptbereich an Attraktion nicht nachsteht.

Im nächsten Kapitel beschäftigen wir uns mit den »Standorten für Wildblumen«, also mit den unterschiedlichen Lebensräumen, in denen bestimmte Pflanzengemeinschaften gedeihen. In freier Natur sind solche Biotope oft groß, doch ist es möglich, im Garten Pflanzengemeinschaften in einem weit kleineren Maßstab anzusiedeln, wo immer die Voraussetzungen dafür gegeben sind. Wilde Gartenbiotope können in einem großzügigen Maßstab spektakulär aussehen, wie etwa in einem echten Naturgarten (siehe Seite 34–37), aber sie lassen sich auch erfolgreich als reizvolles Element in mittelgroße Gärten einbeziehen. Dabei ist es wichtig, das Prinzip eines Naturgartens zu verstehen, der eine recht andere Denkweise als konventionelle Gärten erfordert.

Pflanzengemeinschaften

Statt an einer genau bestimmten Stelle gepflanzt zu werden, und zwar in Gruppen von ein und derselben Spezies, werden Stauden in Wildgärten so verteilt, daß sie wie in freier Natur vermischt wachsen und sich gegenseitig stützen und Halt bieten. Mit der Zeit bilden die Pflanzen in naturnahen Gartenbereichen dann Gemeinschaften, in denen sie sich gegenseitig ergänzen und in festen Wechselbeziehungen stehen. Da sie ähnliche Ansprüche an Licht, Feuchtigkeit und Bodenbedingungen haben, können sie zusammen gut gedeihen, und Pflegemaßnahmen wie zum Beispiel Schneiden (siehe Seite 86) haben die Aufgabe, dieses Gleichgewicht zu unterstützen und aufrechtzuerhalten. Gleichzeitig ist die Pflanzengemeinschaft eines Naturgartens dynamisch, was bedeutet, daß das Gleichgewicht durch eine Reihe von Veränderungen erhalten wird – Pflanzen gehen ein, breiten sich aus und besiedeln neue Plätze. In einer Wiese etwa sind manche Arten wie der einjährige Klappertopf (*Rhinanthus major*) nur kurzlebig, bleiben aber dennoch durch Selbstaussaat erhalten. Solche Arten verändern von Jahr zu Jahr ein wenig ihren Standort.

Die Konkurrenz zwischen den Pflanzen ist in einem Naturgarten größer als in einer Rabatte, vor allem in der Sonne oder an feuchten Stellen, wo Pflanzen oft besonders kräftig gedeihen. In einem Naturgarten ist es schwierig, Pflanzen individuelle Aufmerksamkeit zu widmen, da sie zu zahlreich sind und dicht zusammenstehen. Aber nicht nur um gut zu gedeihen, müssen Wildblumen den Bodenbedingungen, dem Licht und dem Klima entsprechen, sondern auch, um nicht von besser angepaßten Arten verdrängt zu werden.

Heidekraut und Erika eignen sich ausgezeichnet für den sauren Boden in diesem Garten, auf dem sonst viele Gartenpflanzen nicht gut gedeihen. Sie bilden Kissen aus dichten Zweigen und müssen nur alle ein bis zwei Jahre geschnitten werden. Ihre Blüten sind eine ausgezeichnete Nektarquelle für Inseken.

In diesem ländlichen Garten, hinter einer Rabatte mit Rosen und Rittersporn, wurde ein Stück Wiese angelegt. Hier stehen Margeriten (*Chrysanthemum leucanthemum*), die in jüngeren Wiesen kräftig gedeihen, bis die Gräser richtig wachsen. Normalerweise muß eine Wiesenfläche wenigstens 16 m² groß sein, damit dort eine nennenswerte Zahl von Wildblumen angesiedelt werden kann.

Verschiedene Wildblumenbiotope

UNTEN Salomonssiegel (*Polygonatum multiflorum*) ist eine anmutige Waldblume, die im Frühjahr blüht. Anders als viele andere Schattenpflanzen gedeiht sie auch an trockenen Stellen recht gut. Sie breitet sich langsam aus und bildet nach einigen Jahren dichte Büschel.

Um die unterschiedlichen Bedingungen in einem Garten richtig nutzen zu können, muß man sich die wichtigsten Wildblumenbiotope näher betrachten – die Pflanzen, die dort wachsen, die für sie notwendigen Wachstumsbedingungen, Anwachszeiten, die erforderliche Pflege und so weiter. In dem Kapitel über die Anlage von Wildblumenbiotopen (Seite 69) finden Sie alle praktischen Informationen, um Naturgartenbereiche anlegen und pflegen zu können, die für Ihr Grundstück am besten geeignet sind.

Wiesen

Der Botaniker definiert eine Wiese als eine Fläche aus Gräsern und Wildblumenstauden, die landwirtschaftlich genutzt und regelmäßig gemäht wird. Für

margerite (*Chrysanthemum leucanthemum*), Braunelle (*Prunella vulgaris*) und Butterblume (*Ranunculus acris*). Eine Mischung für Tonböden, die oft schlecht drainiert sind, wird neben diesen Blumen Arten enthalten, die auf Ton besonders gut gedeihen, wie etwa Kuckucksnelke (*Lychnis flos-cuculi*) und Heilziest (*Stachys officinalis*). Viele dieser Pflanzen finden sich auch in Mischungen für nasse Böden und werden ergänzt durch Pflanzen, die nur unter diesen Bedingungen gedeihen wie Mädesüß (*Filipendula ulmaria*) und Blutweiderich (*Lythrum salicaria*). Eine Mischung für Kreideböden wird Wildblumen enthalten, die sich auf alkalischem Boden wohl fühlen, wie Skabiosen-Flockenblume (*Centaurea scabiosa*) und Pimpernell (*Sanguisorba minor*). Mischungen für Sandböden enthalten einige der auch für Kreideböden geeigneten Pflanzen, da beide Bodentypen leicht trocken werden, außerdem Gemeinen Hornklee (*Lotus

OBEN RECHTS Diese Wildblumenwiese bildet ein reizvolles und pflegeleichtes Gartenelement. Steifhaariger Löwenzahn (*Leontodon hispidus*) und Wiesenmargeriten wachsen hier zusammen mit Klee (*Trifolium pratense*). Der Weg wird häufig gemäht.

den Gärtner ist sie ein zwangloser Bereich mit Gräsern und Wildblumen, der im Garten eine dekorative Rolle spielt. Eine richtige Wiese ist weitgehend von der Sonne abhängig und sollte an einer Stelle angelegt werden, wo sie die meiste Zeit des Tages direkte Sonne erhält. Im Garten entstehen Wiesen meist durch Aussaat einer Mischung aus wilden Gräsern und Blumen. Damit eine Gartenwiese aber gedeiht, muß die Mischung sorgfältig auf die Bodenbedingungen abgestimmt werden.

Einige besonders anpassungsfähige Wildblumen sind in allen Mischungen zu finden, wie Wiesen-

corniculatus) und Moschusmalve (*Malva moschata*).

Neben Wiesenmischungen für unterschiedliche Bodentypen werden auch Mischungen für verschiedene Jahreszeiten angeboten. Sie enthalten Wildblumen, die sehr unterschiedliche Bedingungen tolerieren und hauptsächlich zu einer bestimmten Jahreszeit blühen. Eine Frühjahrsmischung kann Schlüsselblumen (*Primula veris*) und Butterblumen enthalten, eine Sommermischung Wildblumen wie Acker-Knautie (*Knautia arvensis*) und Wilde Möhre (*Daucus carota*). Bei der Entscheidung, wo im

Garten eine Wiese angelegt wird, müssen auch saisonbedingte Aspekte berücksichtigt werden. Frühlingswiesen sind kürzer und werden im allgemeinen vom Hochsommer an gemäht, so daß sie sich leichter in einen kleinen Garten einfügen lassen. Sommerwiesen bestehen aus höheren Wildblumen, die allgemein auf größeren Flächen und ein Stück vom Haus entfernt besser zur Geltung kommen. Noch höher ist eine Spätsommer- oder Herbstwiese, die zum großen Teil aus nordamerikanischen Pflanzenarten wie Goldrute (*Solidago*) und Sonnenhut (*Rudbeckia*) besteht.

Obwohl eine Wiese keiner Ordnung unterworfen ist, erweckt sie den Eindruck, als sei hier die Natur unter Kontrolle. In voller Blüte ist sie so farbenfroh, daß sie zur Augenweide für Gärtner und Besucher wird, doch wenn die Blumen verblüht sind, wird mancher die Wiese als ungepflegt empfinden. Man kann sie in diesem Stadium zwar mähen, doch es ist besser, wenn die Pflanzen noch weiterwachsen und sich aussamen können. Und dann gibt es im Winter immer noch die natürliche Schönheit der Fruchtstände von Blumen und Gräsern, die sich im Wind biegen und eine gute Futterquelle für Vögel sind.

Eine Wiese bildet auch einen guten Übergangsbereich zwischen verschiedenen Teilen des Gartens, etwa zwischen einem Rasen und größeren Sträuchern. Durch ihr Erscheinungsbild kann eine Wiese auch eine schöne Grenze sein, weil sie sanfte, fließende Übergänge bildet. Zu den praktischen Aspekten, die es zu bedenken gilt, gehört, daß Sommerwiesen vom Frühsommer an zu hoch sein werden, um noch in ihnen gehen zu können. Deshalb sollte man sie besser hinter den formal konzipierten Gartenflächen und jenen Grasbereichen anlegen, die der Erholung dienen. Allerdings kann in eine Wiese auch ein Weg gemäht werden, so daß man durch sie hindurchspazieren kann. Damit sich Wildblumen und Gräser nicht in Rabatten oder Strauchpflanzungen ausbreiten, ist es ratsam, zwischen diesen und den höheren Wiesenbereichen einen Streifen von 1–2 m Breite kurz zu halten.

Wiesen brauchen für ihre Entwicklung einige Jahre. Im zweiten Jahr nach der Aussaat kann eine Wiese zweifellos bunt aussehen, eine stabile Pflanzengemeinschaft aber bildet sie erst nach etwa fünf Jahren. Während der ersten Jahre benötigt sie einen regelmäßigen Schnitt, um das Wachstum der größeren, kräftigeren Pflanzen zu beschränken.

Wildblumen für einen mittelgroßen Garten

Vom Haus aus blickt man auf einen Wildblumenrasen, hinter dem eine kleine sommerblühende Wiese liegt. Rechts befindet sich eine Staudenrabatte mit Wildblumen wie Glockenblumen, Storchschnabel und Flockenblumen. Außerdem wachsen dort Rosen und kleine Sträucher wie Strauchveronika (*Hebe*) und Spierstrauch (*Spiraea*). Dahinter stehen einige Obst- und andere kleine Bäume, die mit schattenliebenden Wildblumen wie Primeln und Fingerhut sowie Farnen, Funkien und Günsel unterpflanzt sind. An eine Rabatte mit Blumen und Sträuchern schließt sich ein Teich mit einem Feuchtbereich an.

1 Haus
2 Gepflasterter Bereich
3 Schmale Rabatte neben dem Haus mit niedrigen Stauden wie *Geranium* und *Lamium* sowie Sträuchern
4 Rasen
5 Wildblumenrasen
6 Sommerwiese mit *Skabiosa, Geranium, Achillea, Galium* und *Vicia*
7 Teich
8 Feuchter Bereich mit *Iris, Filipendula, Astilbe Centranthus* und *Caltha palustris*
9 Staudenpflanzung zwischen Rosen und Sträuchern: einjährige Zierstauden mit *Campanula, Chrysanthemum vulgare* und kleinen Sträuchern
10 Schattenpflanzung in der Rabatte und unter den Bäumen: Zierstauden (*Hosta, Heuchera*, Farne) mit *Ajuga, Polygonatum odoratum, Helleborus, Primula vulgaris, Digitalis* und *Campanula*
11 Rabatte mit einjährigen Bauernblumen: *Calendula, Nigella* und *Salvia sclarea*
12 Obst- und andere kleine Bäume

Wildblumenrasen

Ein Wildblumenrasen ist ein Kompromiß zwischen einer echten Wiese und einem konventionellen Rasen. Doch anders als bei einem herkömmlichen Rasen wird hier die Entwicklung einer Vielzahl von Wildblumen gefördert, so daß das Gras mit Farbtupfern übersät ist. In den Augen vieler ist ein Wildblumenrasen weit reizvoller als der übliche kurzgeschnittene Rasen. Er ist kurz genug, um auf ihm sitzen oder über ihn laufen zu können, zum ständigen Begehen eignet er sich jedoch nicht, da die Blumen Schaden nehmen würden. Dies ist lediglich bei Mischungen möglich, die extra für diesen Zweck zusammengestellt wurden. Die besten Wildblumen für einen Rasen sind Spätfrühjahrs- und Sommerblumen wie Gänseblümchen, Klee und Braunelle. Es gibt aber auch einige früher blühende Arten, insbesondere die Schlüsselblume und – in schattigeren Bereichen – die Kissenprimel, die gedeihen, wenn der Rasen nicht zu kurz abgemäht wird.

Ein Wildblumenrasen kann nahe beim Haus angelegt werden und in anderen Teilen des Gartens, in denen kurzes Gras praktisch ist. Er ist eine gute Lösung für offene Bereiche, für die eine richtige Wiese zu hoch oder zu unordentlich ist. Streifen aus Wildblumenrasen können aber auch als Wege durch höhere Wiesenbereiche dienen.

Wildblumenrasen entwickeln sich rascher als Wiesen – es dauert nicht länger als bei einem konventionellen Rasen, bis sie begehbar sind, und nach etwa einem Jahr haben sich die Wildblumen etabliert. Wildblumenrasen müssen seltener gemäht werden als normale Rasen und werden nicht ganz so kurz gehalten. So kann sich bis zu der Höhe, in der die Messer des Rasenmähers greifen, eine erstaunlich vielfältige Flora entwickeln.

Schattenbereiche

Schatten entsteht im Garten nicht nur durch Bäume, sondern auch durch Nachbargebäude und Grenzmauern oder einfach auf der der Sonne abgewandten Seite des Hauses. Oft bleiben Schattenbereiche im Garten ungenutzt, obwohl sie eine wunderbare Gelegenheit zur Anlage kleiner Pflanzungen mit wilden Waldblumen bieten.

Frühlings-Zwiebelblumen lassen sich leicht unter Bäumen ansiedeln und werden flächig gepflanzt. Sie breiten sich langsam aus, wobei sie nur ein Minimum an Pflege benötigen. Viele verschiedene Zwiebel-blumen bilden von den letzten Wintertagen an bis ins Frühjahr hinein herrliche Farbteppiche. Die meisten sind anpassungsfähige, anspruchslose Pflanzen, die nur eine gute Drainage und einigermaßen fruchtbare Erde brauchen. Der Wildblumengärtner wird sich hauptsächlich auf die einheimischen Pflanzen beschränken und auf die vielen kultivierten Sorten verzichten. Die ursprünglichen Arten sind zart und anmutig und in einer ebenso breiten Farbpalette erhältlich. Am nützlichsten sind die Arten, die sich rasch vermehren und jedes Jahr neue Zwiebeln bilden – Schneeglöckchen, Krokusse, Narzissen, *Scilla,* Knotenblume (*Leucojum*) und Milchstern (*Ornithogalum*). Narzissen und Osterglocken, die klassischen Frühlingsblumen, breiten sich unter sommergrünen Bäumen gut aus. Die besten Arten für den wilden Garten sind Gelbe Narzisse (*Narcissus pseudonarcissus*) und *N. obvalaris,* die beide kleiner und zarter sind als hochgezüchtete Narzissen.

Mehrere frühlingsblühende Wildblumen, die keine Zwiebeln bilden, können unter sommergrünen Bäumen angesiedelt werden. Sie sorgen in den aufregenden Frühlingstagen zwischen Winterende und dem Ausschlagen der Bäume für reizvolle Überraschungen. Zu den schönsten Kombinationen gehören blaßgelbe Kissenprimeln und tiefrosa *Cyclamen repandum.* Oder man kombiniert die Primeln mit weißen Buschwindröschen und *Anemone blanda,* die in allen Blau-, Rosa- und Weißtönen blüht. Diese Wildblumen werden als Knollen gepflanzt (außer Kissenprimeln, die immergrün sind), doch dann breiten sie sich hauptsächlich durch Selbstaussaat aus.

Viele andere Wildblumen ohne Zwiebeln, die in freier Natur in Wäldern beheimatet sind, gedeihen gut im Schatten, sofern er nicht zu tief ist. Sie sind selten so farbenfroh wie sonnenliebende Pflanzen, besitzen aber einen ganz eigenen Reiz und blühen im allgemeinen zeitig im Jahr. Für die meisten Farben sorgen niedrige Frühlingsblumen wie Veilchen (*Viola*), Waldmeister (*Galium odoratum*) und Kissenprimeln, und Waldpflanzen mit verschiedenartigem Laub wie etwa Farne schaffen eine schöne sommerliche Atmosphäre. Der Herbst wird beispielsweise durch die orangefarbenen Beeren des Aronstabs (*Arum maculatum* oder *A. pictum*) oder die weißen und roten Beeren des Christophskrauts (*Actaea*) interessant.

Die meisten schattenliebenden Pflanzen sind niedrig, doch es gibt auch einige höhere wie Salomonssiegel, Farne und die Stinkende Nieswurz

Eupatorium purpureum
Dieser Wasserdost ist eine der schönsten spätblühenden Wildblumen und eine großartige Nektarquelle für Bienen und Schmetterlinge. Es ist eine kräftige, große Pflanze, die sich ausgezeichnet für problematische Standorte mit zahlreichen konkurrierenden Wildkräutern eignet, besonders für fruchtbare oder feuchte Böden. Früher verwendete man sie als schweißtreibendes Mittel bei Fiebererkrankungen. Diese großzügige aufrechte Art hat violette Stengel, an denen rosa Blüten stehen.

(*Helleborus foetidus*), die bis 1 m Höhe erreichen kann. Sie gehört zu den wenigen Waldpflanzen, die sich üppig aussamen. Die meisten anderen vermehren sich durch Triebe, die sich bewurzeln, wie beispielsweise *Phlox stolonifera*, oder durch Wurzeltriebe wie Waldmeister.

Die Mehrzahl der schattenliebenden Wildblumen und Farne hat einen gleichmäßigen Wuchs, und viele sind immergrün. Deshalb eignen sie sich selbst für sehr kleine naturnahe Bereiche innerhalb des Gartens, wie etwa Streifen am Fuß des Zauns, eine kahle Ecke an einer Mauer oder ein Stück nackte Erde unter einem einzelnen Baum. Auch niedrige immergrüne Farne wie Engelsüß (*Polypodium vulgare*) oder Schildfarn (*Polystichum acrostichoides*) passen hier gut, außerdem die silbern getupften Blätter des Echten Lungenkrautes (*Pulmonaria officinalis*) oder das intensiv duftende Maiglöckchen (*Convallaria majalis*). Da die meisten schattenliebenden Pflanzen im Frühling blühen, muß bedacht werden, wie sie während des übrigen Jahres aussehen. Glücklicherweise haben viele der genannten Arten auch interessantes Laub. Verschiedene andere Pflanzen sind gerade wegen des Laubs zu empfehlen, wie etwa Efeu oder die Haselwurz (*Asarum*) mit ihren runden, glänzenden, mitunter silbern gezeichneten Blättern.

Ein kleiner Waldgarten kann nicht gesät, sondern muß gepflanzt werden. Mitunter wachsen Waldpflanzen nur langsam an, vor allem die schwachwüchsigen Arten, die im tieferen Schatten gut gedeihen, wie Dreiblatt (*Trillium*) und Blutwurz (*Sanguinaria*). Wenn man rasche Erfolge sehen will, ist es ratsam, sich auf jene Pflanzen zu beschränken, die sich schnell ausbreiten, wie Immergrün (*Vinca*) oder *Phlox stolonifera*. Wie in allen anderen Biotopen auch stellen die verschiedenen Waldpflanzen hinsichtlich Feuchtigkeit und pH-Wert unterschiedliche Ansprüche an den Boden (siehe Seite 54).

Teiche und Feuchtgebiete

In einem konventionellen Garten ist der Teich wahrscheinlich der natürlichste Bereich: Er bietet einen idealen Lebensraum für Insekten und andere Tiere und hat oft einen hohen Anteil an heimischen Blumen. Ein Teich ist eine naheliegende Lösung, wenn man eine Feuchtfläche im Garten hat, aber selbstverständlich kann er auch auf trockenem Boden angelegt werden (siehe Seite 92).

Nicht in jedem Garten ist es wünschenswert, den Teich ganz mit Feuchtgebietspflanzen zu umgeben, da viele Gartenbesitzer gern an einem trockenen Platz beim Wasser sitzen. Die feuchten Bereiche werden am besten hinter dem Teich angelegt, wobei die höheren Pflanzen für die im Blickfeld liegende niedrigere Vegetation einen schönen Hintergrund bilden und gleichzeitig einen Vordergrund für Sträucher und Bäume dahinter. Wo ausreichend Platz ist, können – insbesondere im Winter – ein oder zwei kleine Bäume oder Sträucher der Pflanzung mehr Volumen verleihen. Ideal dafür sind Weiden und Erlen.

Teiche müssen praktisch in voller Sonne liegen, angrenzende Feuchtgebiete aber können sowohl sonnig als auch schattig sein, allerdings müssen die Pflanzen dann den unterschiedlichen Bedingungen entsprechen.

Eine weitere Möglichkeit für einen Übergang vom Wasser zum trockenen Land ist eine Sequenz von zunehmend trockeneren Biotopen, wie man sie auch in der Natur findet. Der an den Teich angrenzende Bereich sollte feucht gehalten werden, um dort Sumpfpflanzen zu ziehen, und dahinter können Feuchtwiesenblumen wachsen, die schließlich eine Verbindung zu einem Rasen oder einer Wiese bilden. Ein Gartenteich bietet sich auch als Übergang von einem gepflegten Rasen auf der einen zu einem Naturgarten auf der anderen Seite an.

Auf dieser sumpfigen Gartenfläche wachsen Schwertlilien (violette *Iris versicolor* und gelbe *I. pseudacorus*) zusammen mit Hahnenfuß (*Ranunculus*), Straußenfarn (*Matteuccia struthiopteris*) und Primeln (*Primula*). Alle diese Pflanzen haben etwa die gleiche Wuchskraft und gedeihen sehr gut zusammen.

31

Ein echter Naturgarten

Narzissen und Krokusse lassen im Frühjahr einen bunten Blütenteppich entstehen, der eine natürliche Umgebung für dieses Haus auf dem Land bildet. Die Zwiebeln werden im Herbst gepflanzt. Die verschiedenen Arten sowie Sorten beider Pflanzengattungen gewöhnen sich leicht ein und breiten sich von Jahr zu Jahr weiter aus. Den Zwiebelblumen könnten sommerblühende Wildblumen folgen; im Spätsommer wird die Wiese dann gemäht.

Besitzer eines großen Gartens auf dem Land sind in der glücklichen Lage, einen ausgedehnten Naturgarten mit den unterschiedlichsten Lebensräumen schaffen zu können. Die Wildblumengärtnerei in großem Maßstab eröffnet viele Möglichkeiten: eine Wiese von einem halben Hektar oder mehr, auf der sich Gräser im Wind wiegen, ein Wäldchen, in dem im Frühjahr der Boden mit Hasenglöckchen und Anemonen bedeckt ist, oder einen kleinen Teich, der von Schilf, Schwertlilien und anderen üppigen Uferzonenpflanzen gesäumt wird. Großflächig angelegt, sehen alle Wildblumenbiotope rund ums Jahr wunderbar aus. Während wilde Frühjahrsblumen wie Kissenprimeln und Herzblume (*Dicentra cucullaria*) selbst in kleinen Waldbereichen reizvoll sind, wirken Biotope mit Sommerblumen wie Wiesen, Feuchtgebiete und Heideflächen im großen Maßstab mit unzähligen einzelnen Blumen, die ein Mosaik aus Farben entstehen lassen, optisch eindrucksvoller. Auch im Spätherbst und Winter sind sie

schön, wenn die eigenwilligen Formen der Fruchtstände von Gräsern und Wildblumen aus dem Schnee ragen. Gruppen aus Sträuchern und kleinen Bäumen wie Weiden und Birken sind besonders auch im Winter sehr reizvoll, wenn die tiefstehende Sonne die warmen Farben ihrer Zweige hervorhebt.

Bei der Anlage eines echten Naturgartens ist es wichtig, alles Vorhandene zu nutzen. Man versucht, Standorte wie etwa Wiesen oder Ufer gut zur Geltung zu bringen, und achtet darauf, daß alle dort wachsenden Wildblumen erhalten bleiben (siehe Seite 70–71). Alle Grundstücke mit unterschiedlichem Bodenniveau oder verschiedenen Lagen bieten sehr unterschiedliche Kleinklimas, die genutzt werden sollten (siehe Seite 26–31). Auf einer relativ großen Fläche ist es möglich, innerhalb der Anlage mehrere verschiedene Lebensräume zu schaffen, etwa indem man Bäume für ein kleines Wäldchen pflanzt, eine Mulde für einen Teich mit angrenzendem Feuchtgebiet aushebt oder eine Palette unterschiedlicher Wiesenmischungen sät (siehe Seite 76). Besitzer großer Gärten haben mitunter eine Anzahl alter Bäume, bei denen es sich nicht um heimische Arten handelt. Vielleicht können diese für Schutz und Schatten sorgen, zumindest so lange, bis die gewünschten Bäume herangewachsen sind. Eine Ausnahme bilden möglicherweise Koniferen und besonders Zypressen, die so starken Schatten werfen, daß unter ihnen kaum etwas anzusiedeln ist.

Welche Biotope geschaffen werden können, hängt auch vom Bodentyp ab. Da selbst auf kleinen Grundstücken häufig unterschiedliche Bodenverhältnisse herrschen, lohnt es sich, Löcher zu graben, um zu prüfen, ob der Boden leicht, steinig und vielleicht trocken oder schwer und staunaß ist, so daß die Pflanzungen entsprechend geplant werden können. Eine schlecht drainierte Stelle kann für feuchtigkeitsliebende Blumen wie Wiesen-Schaumkraut (*Cardamine pratensis*), Mädesüß (*Filipendula ulmaria*) und Schwertlilien genutzt werden, und eine warme, trockene Böschung eignet sich vielleicht als Standort für mediterrane Pflanzen wie Zistrose und Lavendel, die Trockenheit vertragen. Diese verschiedenen Lebensräume werden im nächsten Kapitel genauer behandelt. Auch vom pH-Wert des Bodens hängt es ab, welche Pflanzen gedeihen werden (siehe Seite 56–57). Eine Böschung mit neutraler oder saurer Erde könnte mit Heidekraut oder

niedrigen strauchigen Pflanzen wie Heidelbeere (*Vaccinium myrtillus*) und Scheinbeere (*Gaultheria*) bepflanzt werden oder einigen reizvollen Gräsern wie Drahtschmiele (*Deschampsia* syn. *Avenella flexuosa*) und Pfeifengras (*Molinia caerulea*).

Einen Naturgarten pflanzen

Die Pflanzung eines echten Naturgartens erfolgt am besten in mehreren Phasen. Zuerst sollten Gehölze – einschließlich Bäume – gepflanzt werden, die das Gerüst bilden. Blütenstauden folgen erst ein oder zwei Jahre später, damit Bäume und Sträucher gute Startbedingungen haben. Man sollte die Pflanzen so natürlich wie möglich plazieren und scharfe Grenzen zwischen den verschiedenen Lebensräumen vermeiden, ebenso klar erkennbare Gruppen einer einzigen Art. Um festzustellen, wie Wildblumen natürlich wachsen, betrachten Sie am besten von einem Platz mit guter Sicht ein Waldstück (vorzugsweise im Herbst, da sich zu dieser Jahreszeit die einzelnen Baumarten leichter unterscheiden lassen). Sie wer-

den sehen, daß die Bäume nicht willkürlich verstreut stehen, sondern meistens in Gruppen wachsen. Da mag sich eine Ansammlung von Kiefern befinden, die an den Rändern lichter wird und sich mit Eichen oder Ahornen mischt, und etwas entfernt davon eine Gruppe aus Eichen und Ahornen mit vereinzelten Nadelbäumen, an anderer Stelle wieder gedeihen hauptsächlich Ahorne. Ähnliche Gruppierungen kann man auf Wiesen beobachten, hier allerdings am besten zur Hauptblütezeit. All das muß man kopieren, um naturnahe Pflanzungen entstehen zu lassen, vor allem an Grenzen zwischen den einzelnen Biotopen (siehe Seite 40–41).

Man benötigt Zeit und Geduld, diese Biotope anzulegen. Bis aus jungen Bäumen ein Wald entstanden ist, vergehen Jahrzehnte, obwohl viele Sträucher wie Feldahorn (*Acer campestre*), Haselnuß (*Corylus avellana*) und Felsenbirne (*Amelanchier canadanesis*) bereits nach fünf Jahren eine beträchtliche Höhe erreichen. Wiesen sehen schon vom zweiten Jahr an schön aus, doch vergehen mehrere Jahre, bis eine stabile Pflanzengemeinschaft entstanden

Dieser waldige Gartenboden ist ganz mit *Scilla verna* bedeckt. Weiße Anemonen, Narzissen und Scharbockskraut (*Ranunculus ficaria*) wachsen in Gruppen und recken sich der Frühjahrssonne entgegen. Alle diese Pflanzen samen sich problemlos aus.

ist, in der die gewählten Pflanzen kräftig gedeihen und unerwünschte Wildkräuter kein Problem mehr sind (siehe Seite 72–73). Am schnellsten entwickelt sich ein Feuchtgebiet. Uferzonenpflanzen wachsen schnell und verleihen selbst neuen Teichen binnen eines Jahres ein verblüffend echtes Aussehen. Sobald sich stabile Pflanzengesellschaften gebildet haben, kann man alles Weitere der Natur überlassen. Im Laufe der Zeit werden sich neue Wildblumen ansiedeln und eigene Pflanzenarrangements entstehen lassen, die die Vielfalt des Biotops vergrößern. Neben einer reichen Flora wird man in einem Garten auf dem Land auch eine abwechslungsreiche Fauna finden, und je mehr Lebensräume vorhanden sind, desto besser. Besonders wertvoll sind Wasserflächen und Feuchtgebiete.

Verbindung zur umliegenden Landschaft

Ein Garten auf dem Land sieht am schönsten aus, wenn er fließend in die umgebende Landschaft übergeht und beide miteinander verschmelzen. Selbst recht formal angelegte Landgärten haben häufig einen Naturbereich zwischen dem eigentlichen Garten und dem umliegenden Land. Wildblumen können einen wichtigen Beitrag zu einem sanften Übergang leisten, ebenso heimische Bäume und Sträucher. Als die größten Elemente im Garten beeinflussen Bäume vor allem das Raumgefühl. Aus der Ferne gesehen, verschwimmt die Grenze zwischen Garten und Umgebung, wenn heimische Arten gepflanzt werden. An der Grundstücksgrenze sollte man möglichst auf alles verzichten, das den Anschein erweckt, als gehöre es in einen kultivierten Garten, wie nackte Erde, Pflanzen, die offensichtlich nicht heimisch sind (etwa Koniferen in einer Gegend mit vorwiegend sommergrünen Bäumen), gemähtes Gras und schnurgerade Linien.

Auch die Gartengrenze selbst spielt eine entscheidende Rolle bei der Verbindung von Garten und umliegender Landschaft. Das Grundstücksende muß so unauffällig oder zumindest so naturtreu wie möglich sein. Eine Lösung wäre die Anlage eines Grabens, auf dessen Sohle sich ein Zaun oder eine Mauer befindet – wie in englischen Landschaftsgärten des 18. Jahrhunderts. (Man nennt diese Gräben »ha-ha«, was soviel bedeutet wie ein Aha-Erlebnis.) Da hier der Zaun oder die Mauer unter der Sichtlinie liegen, scheint der Garten nahtlos in das dahinterliegende Feld überzugehen. Wo solche Gräben nicht passen, sollte man versuchen,

Wildblumen für einen großen Garten auf dem Land

Eine ausgedehnte Sommerwiese mit gemähten Wegen und großzügigen Baum- und Strauchpflanzungen läßt hier ein kleines privates Naturparadies entstehen. Ein feuchter Bereich am Fuß eines Hanges bietet sich zur Anlage eines Teiches oder Feuchtgebietes an, das mit hohen Pflanzen wie Schilf und Rohrkolben bepflanzt wird. An einer trockenen steilen Böschung liegt ein kleiner Garten, in dem Heidekraut, Stech- und Besenginster wachsen. Eine alte Hecke, die sich am Rand des Grundstückes befindet, wurde mit Wildblumen und Kletterpflanzen wie Geißblatt und Wildrosen geschmückt.

1 Haus
2 Auffahrt
3 Waldige Bereiche mit Wildblumenpflanzungen unter alten und neugepflanzten Bäumen
4 Frühlingswiese, ab Hochsommer kurz gehalten
5 Trockene Böschung mit Heide, Besen- und Stechginster
6 Teich
7 Feuchte Stelle mit hohen Sumpfpflanzen wie Schilf und Rohrkolben
8 Alte Hecke, umgeben von Wildblumen und Kletterpflanzen (wilde Rosen, Geißblatt)
9 Hohe Wildblumen für Spätsommer und Herbst: Goldruten, Astern, Wasserdost
10 Neugepflanzte Bäume und Sträucher
11 Wildblumenrasen und Wege, kürzer gemäht als die umliegende Wiese
12 Sommerwiese mit hohen Gräsern und Wildblumen

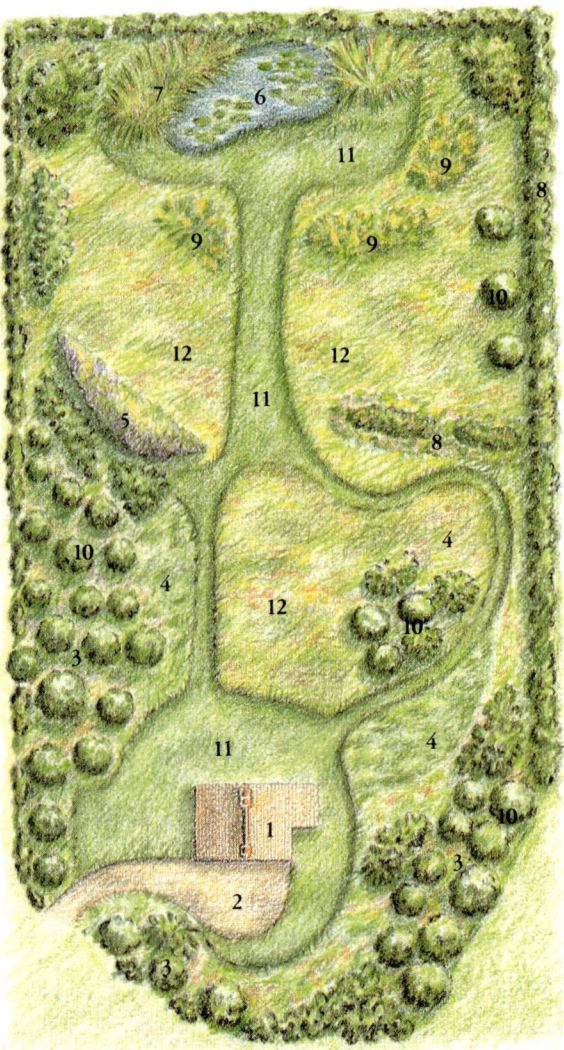

RECHTS Tulpen, die man im allgemeinen in Rabatten findet, können auch verstreut in einer Wildblumenwiese wachsen. Hier führen kurzgemähte Wege mit Gänseblümchen durch die Wiese.

UNTEN Gelber Scheinmohn (*Meconopsis cambrica*) und Vergißmeinnicht (*Myosotis alpestris*) sind zwar kurzlebige Stauden, aber sie samen sich, wie hier, problemlos aus.

lokale Materialien für die Grenze zu verwenden. Eine der einfachsten und preiswertesten Methoden ist meist die Pflanzung einer Hecke aus Sträuchern, wie sie in der Gegend von jeher üblich sind. Auch wenn eine hohe Hecke vielleicht die Sicht behindert, kann eine gemischte ländliche Hecke ein eigenständiges Element im Wildblumengarten bilden. Sie entwickelt sich auch rasch und sieht schon nach wenigen Jahren dicht und schön aus.

Überlegen Sie sorgfältig, bevor Sie Grundstücksgrenzen gestalten. Wiesen sind hier besonders zu empfehlen, sie können an allen Plätzen angelegt werden, die die meiste Zeit des Tages in der Sonne liegen. Zwanglos gepflanzte hohe heimische Stauden wie Wasserdost (*Eupatorium*) oder Doldenblütler sind gut geeignet, um dezente Grenzen entstehen zu lassen oder Zäune zu verstecken. Ziel sollte stets eine natürlich wirkende Pflanzung sein, die gerade Linien vermeidet oder verbirgt.

In der traditionellen japanischen Landschaftsgärtnerei gibt es ein Konzept, *shakkei* genannt, was im übertragenen Sinn »geliehene Landschaft« bedeutet. Es beinhaltet nicht nur einen schönen Ausblick, sondern eine Aussicht, die durch eine kluge Planung in den Garten einbezogen wird, so daß entfernte Elemente Teile des Hintergrundes bilden.

Das Gestalten von Wildblumenpflanzungen

Die weißen Blüten von *Cornus florida* bilden in diesem nordamerikanischen Waldstück einen spektakulären Hintergrund für Frühlingsblumen wie *Phlox stolonifera*, Schaumblüte (*Tiarella cordifolia*), kanadische Akelei (*Aquilegia canadensis*) und die Wedel des immergrünen Schildfarns (*Polystichum acrostichoides*).

Es gibt eine reichhaltige Palette von Pflanzentypen – Bäume, Sträucher, Kletterpflanzen, Stauden, Zwiebelblumen und einjährige Pflanzen. Während wir uns hier hauptsächlich mit den Stauden beschäftigen, die allgemein als »Wildblumen« gelten, findet man in einem Garten – wie bei der Mehrzahl aller natürlichen Pflanzengemeinschaften – auch Gehölze, Zwiebelblumen, Kletterpflanzen, Gräser und Einjahresblumen. Die Frage ist, wie der Wildblumengärtner verschiedene Pflanzentypen im Garten kombiniert, um das gewünschte Ambiente zu schaffen. Die meisten unter uns werden Wert darauf legen, daß ihr Garten rund ums Jahr hübsch und reizvoll aussieht, und der Naturgartenbesitzer wird außerdem daran interessiert sein, Lebensräume und Nahrungsplätze für Tiere zu schaffen. Die Art, in der bestimmte Pflanzentypen kombiniert werden, kann einen entscheidenden Einfluß darauf haben, wie gut ein Garten seine vorgesehenen Funktionen erfüllt.

Das Grundgerüst

Das Grundgerüst eines Gartens wird im allgemeinen durch Bäume und größere Sträucher gebildet, und der Wildblumengarten macht hier keine Ausnahme. Innerhalb dieses Gerüstes werden im Wildblumengarten dann hauptsächlich Stauden, Zwiebelblumen, Farne, Gräser und, in gewissem Maß, kleinere strauchige Pflanzen verwendet.

Bäume

Bäume bilden gewissermaßen das »Rückgrat« eines Gartens. Sie können Aussichten einrahmen, Häßliches verbergen, den Garten vor der Außenwelt schützen oder einfach als Hintergrund dienen. Darüber hinaus beeinflussen sie die Wachstumsbedingungen in einem Garten, weil sie Schatten werfen und die Kraft des Windes brechen. Wegen all dieser Faktoren sowie der langen Entwicklungszeit und relativen Langlebigkeit sind sorgfältige Überlegungen notwendig, bevor man einen Baum pflanzt.

Es spricht vieles dafür, hauptsächlich heimische Arten zu wählen. Der Hauptgrund dafür ist, daß heimische Bäume, deren Elternpflanzen außerdem aus der Gegend stammen, mit den herrschenden Bedingungen am besten zurechtkommen. Sie sind den Temperaturschwankungen und der Niederschlagsmenge dieser Region angepaßt und fügen sich darüber hinaus optisch besser in die Landschaft ein. Ein eingeführter Baum kann das charakteristische Bild einer Landschaft völlig verderben – ein Beispiel sind hier Zypressen oder Eukalyptusbäume, die in eine traditionelle Ackerbaulandschaft mit Feldern, Hecken und sommergrünen Bäumen gepflanzt werden. Heimische Bäume sind zudem weit nützlicher für die heimische Tierwelt, ganz besonders aber für die Insekten.

Wer beabsichtigt, Bäume zu pflanzen, muß sich

im klaren darüber sein, wie groß sie werden und welche Wirkung sie auf den übrigen Garten haben. Bedenken Sie wohl, was unter ihnen wachsen soll, denn verschiedene Bäume haben einen recht unterschiedlichen Einfluß auf das, was unter ihnen gedeiht. Viele Immergrüne werfen starken Schatten, in dem praktisch nichts wächst. Nadelbäume lassen zwar oft nur leichten Schatten entstehen, doch die abgeworfenen Nadeln erzeugen ein saures Milieu, das nicht allen Pflanzen bekommt. Einige sommergrüne Bäume, vor allem Buchen (*Fagus*) und Ahorne (*Acer*) – insbesondere der Bergahorn (*Acer pseudoplatanus*) –, werfen nicht nur starken Schatten, sondern entziehen auch dem umliegenden Boden weitgehend Feuchtigkeit und Nährstoffe, so daß unter ihnen nur wenige Wildblumen gedeihen. Wo leichter Schatten entstehen soll, sind vor allem Birken (*Betula*) zu empfehlen, denn sie wachsen rasch, sind anpassungsfähig und können mit einer großen Palette von Wildblumen zusammenstehen.

Sträucher

Sträucher spielen deshalb eine große Rolle, weil sie, anders als Stauden, dem Garten in der kalten Jahreszeit Struktur und Volumen verleihen. Bei der Planung eines Gartens muß festgestellt werden, wie groß die vorgesehenen Sträucher werden, damit um sie herum genügend Platz für Wildblumen bleibt. Mit Sträuchern kann ein Garten gut unterteilt werden, so daß in den verschiedenen Bereichen unterschiedliche Atmosphären entstehen können. Sträucher sind auch wichtig, weil sie Vögeln Nist- und Schlafplätze bieten. Um diese Aufgabe erfüllen zu können, werden sie am besten in Gruppen gepflanzt. Zahlreiche Sträucher wie *Viburnum, Cotoneaster* und *Prunus* tragen Beeren, die im Winter eine gute Futterquelle für Vögel sind.

Allerdings wachsen vor allem in kleinen Gärten oft zu viele Sträucher, und da eine große Zahl der am meisten bevorzugten, wie etwa Forsythien und zahlreiche Schneebälle, früh blühen, ist nach Beginn des Sommers nur noch wenig Farbe im Garten zu finden. Man kann die reizvolle Periode aber dadurch verlängern, daß man diese Sträucher mit spätblühenden Wildblumen wie Rauhblattastern oder Wasserdost (*Eupatorium*) kombiniert.

Die Verwendung heimischer Arten ist bei Sträuchern nicht so entscheidend wie bei Bäumen, da sie geringeren Einfluß auf das Landschaftsbild haben. Ich pflanze am liebsten eine Mischung aus hübschen

heimischen und nichtheimischen Arten. Auswahlkriterium ist sowohl der Wert als Gartenpflanze als auch die Verträglichkeit mit heimischen Gehölzen und Wildblumen. Ein eingeführtes, aber dennoch empfehlenswertes Gehölz ist beispielsweise die Felsenbirne (*Amelanchier*), die zu einem großen Strauch oder kleinen Baum mit reizvollen frühen Blüten, einer leuchtenden Herbstfärbung und zahlreichen Früchten für Vögel heranwächst. In ihrer zarten Schönheit paßt sie auch in Gärten fernab ihrer nordamerikanischen Heimat.

Viele Sträucher und kleine Bäume bilden Beeren, die nicht nur hübsch aussehen, sondern im Winter auch eine wichtige Nahrungsquelle für Vögel sind. Verschiedene beerentragende Gehölze wie *Juniperus virginiana* sind insofern bemerkenswert, als sie bis weit in den Winter hinein unberührt bleiben, was sie in der kalten Jahreszeit zu besonders wertvollen Futterlieferanten macht. Gehölze mit Nüssen wie die Haselnuß (*Corylus avellana*) sind ebenfalls wichtige Nahrungspflanzen für Vögel und Säugetiere, wie beispielsweise Eichhörnchen.

Halbsträucher

Kleinere Holzpflanzen sind ein charakteristisches Element vieler Pflanzengemeinschaften. So wachsen etwa in windgepeitschten Heidemooren Heidekraut (*Calluna vulgaris*), Glockenheide (*Erica*) und

Schlüsselblumen (*Primula veris*) und Hasenglöckchen (*Hyacinthoides non-scripta*) wachsen hier am Rande eines großen ländlichen Gartens im Gras. Der Graben bildet eine natürliche Grenze, die einen nahtlosen Übergang zwischen Garten und dahinterliegender Landschaft ermöglicht.

Heidelbeere (*Vaccinium myrtillus*), an trockenen mediterranen Berghängen Zistrose (*Cistus*) und Lavendel. Aus naheliegenden Gründen sind dies die Wildpflanzen, auf die man sich in Gärten in unwirtlichen Gegenden konzentrieren sollte, aber sie haben auch andernorts ihren Nutzen. An einer warmen, trockenen Böschung mit dünner Erde gedeihen Zistrosen selbst fernab ihrer Heimat erfolgreicher als heimische Wildblumen. Niedrige immergrüne Sträucher wie Heide und Geißklee (*Cytisus*) können auch in Rabatten zwischen Wildblumen und Zierpflanzen gesetzt werden, um dort im Winter für etwas Farbe und Struktur zu sorgen.

Kletterpflanzen

Kletterpflanzen spielen im Garten eine wichtige Rolle, vor allem, weil sie kahle und harte Oberflächen wie Zäune und Mauern auflockern. Zusätzlich können sie viel dazu beitragen, in kleinen Stadtgärten eine ländliche Atmosphäre entstehen zu lassen. Sie bieten Schutz und Nahrung für Insekten und Vögel und können an Bäumen gezogen werden, deren Zweige sie mit ihren Blüten schmücken. Bei abgestorbenen Bäumen kann man sich auf diese Weise das teure und oft gefährliche Fällen ersparen – in ländlichen Gärten sieht man häufig eine Wildrose oder ein Geißblatt an Bäumen wachsen, die ohne sie längst entfernt worden wären.

Ländliche Hecken sind immer stark durchwachsen von zahlreichen Kletterpflanzen, die durch ihre Blätter, Blüten und Beeren gutwachsende Hecken noch üppiger wirken lassen. Sommerblühende Wildrosen, Waldrebe- und Geißblattarten sorgen auch nach der Hauptblütezeit im Frühjahr noch für Farbe, andere Heckenpflanzen wie Wilder Wein (*Parthenocissus*) und Reben (*Vitis*) wiederum haben schöne Herbstfärbungen. Eine besonders nützliche Kletterpflanze ist der Efeu, denn er gehört zu den wenigen immergrünen Arten und fügt Bäumen keinen Schaden zu. Doch es ist Vorsicht geboten, denn gewisse Kletterpflanzen wie die Echte Waldrebe (*Clematis vitalba*) oder das Japanische Geißblatt (*Lonicera japonica*) sind so wuchsfreudig, daß vor allem für kleine Gärten die Auswahl der Arten sehr sorgfältig erfolgen muß.

Nur wenige Kletterpflanzen sind selbstklimmend. Zu den Ausnahmen gehören Wilder Wein und Efeu, die an fast jeder Oberfläche emporwachsen. Kletterpflanzen, die sich um Äste schlingen oder an ihnen emporranken, wie Reben, brauchen Spaliere oder Drähte, an denen sie sich festhalten können.

Wildstauden

Diese Pflanzen, deren oberirdische Teile im Herbst absterben, sind für den Wildblumengärtner die interessantesten. Zu ihren Vorteilen gehört, daß sie im allgemeinen schnell und problemlos anwachsen, nachteilig ist, daß sie im Winter wenig Interessantes zu bieten haben und die Mehrzahl der größeren Arten erst vom Spätfrühjahr an blüht. Ein Garten, der nur aus Stauden besteht, kann langweilig wirken. Sträucher sind notwendig, um für Struktur und, zu Beginn des Jahres, für Farbe zu sorgen. Während des größten Teils der Wachstumsperiode gibt es aber nichts, was den Farben und dem Reiz von Stauden ebenbürtig wäre. Die Wildblumenbiotope, die für die Mehrzahl der Gärtner von Bedeutung sind – Wiesen, Feuchtgebiete, Wald –, verdanken in der einen oder anderen Form ihren Reiz fast ausschließlich den Stauden.

Gräser

Obwohl in den meisten Gärten irgendwelche Gräser wachsen, werden die dekorativen Qualitäten von Gräsern als Pflanzengruppe meist unterschätzt. Ein Wildblumenrasen oder eine Wiese besteht weitgehend aus Gräsern, die gewöhnlich aber nur als Hintergrund für die farbenfroheren Blumen dienen. Doch verschiedene Gräser sind auch allein sehr schön und verdienen es, im Garten mehr Beachtung zu finden. Wie ihre engen Verwandten, die Seggen und Hainsimsen, sind sie vielleicht im Herbst und Winter am wertvollsten, wenn sich ihre braunen und gelben Fruchtstände, die eine Vielfalt von Formen aufweisen, im Wind wiegen.

In manchen Regionen gibt es eine enorme Vielfalt hoher, auffallender Gräser. Sowohl *Chloris* als auch Rutenhirse (*Panicum virgatum*), die aus Nordamerika stammen, können neben spätblühende Stauden und Sträucher in eine Rabatte gesetzt werden und bieten während des Winters einen großartigen Anblick. Europäische Gräser sind zwar kleiner und unscheinbarer, dennoch gibt es unter ihnen ausgesprochene Schönheiten wie etwa das zarte Wollige Honiggras (*Holcus lanatus*), die Drahtschmiele (*Deschampsia* syn. *Avenella flexuosa*) mit ihren duftigen Ähren oder das Perlgras (*Melica uniflora*) mit seinen typischen Blütenköpfen. Diese kleineren Gräser wirken *en masse* am schönsten, und zwar auf einer Wiese oder in einem leicht schattigen Waldbereich. Grassamen aller Art sind eine wertvolle Nahrungsquelle für Vögel wie Finken und Drosseln sowie für kleine Säugetiere.

STRÄUCHER UND KLEINE BÄUME, DIE TIERE ANLOCKEN

Amelanchier
Gattung großer Sträucher aus Nordamerika mit weißen Frühlingsblüten, purpurnen Beeren und orangefarbenem Herbstlaub.

Betula
Winterhart, anpassungsfähig und ideal für kleine Gärten. Die meisten Arten haben eine silbrige Rinde, und ihre Samen dienen Tieren als Nahrung.

Cornus
Die spektakulären Arten aus Nordamerika tragen im Frühjahr weiße oder rosa Blüten, im Herbst Beeren.

Ilex
Sehr nützliches Gehölz mit immergrünem Laub und Beeren für Vögel.

Prunus
Seine rosa oder weißen Blüten sind als Frühlingsboten bekannt. Fast alle Arten haben Früchte, die Vögel anlocken.

Sorbus
Kleine Bäume, die das ganze Jahr über schön sind. Alle Arten tragen im Frühjahr weiße Blüten, denen Beeren und schönes Herbstlaub folgen.

Viburnum
Schneeball blüht im Winter oder Frühjahr und trägt im Herbst Früchte. Vor allem die winterblühenden Arten sind lohnende Gartensträucher.

Zwiebelblumen

Zwiebelblumen öffnen zu Frühjahrsbeginn ihre Blüten, zu einer Zeit, in der die Mehrzahl der Stauden noch ruht. Ihr Anblick erfreut uns immer aufs neue, ob es sich nun um im vergangenen Herbst frisch gepflanzte Blumen handelt oder um alte Bekannte, auf deren Erscheinen wir nach jedem Winter sehnsüchtig warten. Zwiebelblumen sind besonders wertvoll für kleine Gärten, in denen wenig Platz für frühjahrsblühende Sträucher ist. In vielen Anlagen sorgen bis zum Spätfrühjahr hauptsächlich wilde Zwiebelblumen wie Gelbe Narzissen (*Narcissus pseudonarcissus*) und Krokusse für Farbe. Und selbst später noch, wenn Stauden zur Hauptattraktion werden, gibt es interessante Zwiebelblumen wie die Prärielilie (*Camassia quamash*), deren blaue Sternblüten im Frühsommer besonders auf feuchten Flächen gedeihen, und natürlich richtige Lilien, von denen sich einige, wie Türkenbund (*Lilium martagon*), in Wiesen einbürgern lassen, andere,

Diese Wildblumen sind Teil eines reizvoll gestalteten Übergangs zwischen einem Garten und der dahinterliegenden Wiese. Lupinen (*Lupinus*) und Margeriten (*Chrysanthemum leucanthemum*) wachsen hier neben Roten Lichtnelken (*Silene dioica*). Die farbenfrohen Lichtnelken gehören zu den schönsten Wildblumen des Frühsommers. Sie sind leicht anzusiedeln und gedeihen am besten auf leicht feuchten Böden.

wie *L. superbum,* in waldigen Bereichen. Auch im Herbst öffnen noch verschiedene Zwiebelblumen ihre Blüten, ein Beispiel ist die Herbstzeitlose (*Colchicum autumnale*). Das Laub, das manche Zwiebelblumen, beispielsweise Narzissen, nach der Blüte zurücklassen, sieht etwas unordentlich aus, doch in Wildblumengärten läßt es sich leicht durch Gras oder später blühende Stauden verbergen. Zwiebelblumen aber eignen sich vor allem auch für die Frühjahrsbepflanzung schöner Gefäße, die jeden Platz beleben, den man für sie aussucht.

Hasenglöckchen (*Hyacinthoides non-scripta*) im Schatten eines großen Baumes bieten hier einen wundervollen Anblick. Nach dem Stecken der ersten Zwiebeln samen sich die Pflanzen üppig aus und bilden dichte Kolonien.

Einjährige Blumen

Einjährige Blumen vollenden ihren Lebenszyklus innerhalb eines Jahres, in dem sie keimen, blühen und sich aussamen. In Pflanzengemeinschaften der gemäßigten Zone spielen sie keine entscheidende Rolle, da sie nicht mit den größeren Pflanzen konkurrieren können. Nur in Gebieten, in denen während der Wachstumsperiode Trockenheit herrscht, können Einjahresblumen als wichtiger Teil der natürlichen Pflanzengemeinschaft betrachtet werden. Aber sie sind so farbenfroh, schnellwüchsig und leicht anzusiedeln, daß sie auch einen Platz in den Wildblumengärten vieler feuchter Regionen verdienen. Eine kleine Fläche mit einjährigen Ackerblumen, auf der jedes Jahr immer wieder neue Arten ausgesät werden, kann zum farblich reizvollsten Bereich des Gartens werden. In trockeneren Klimalagen können Einjahresblumen wie Hainblume (*Nemophila menziesii*), *Linanthus grandiflorus* und Bienenfreund (*Phacelia tanacetifolia*) die Hauptattraktion in einem Wildblumengarten sein.

Durch die Landwirtschaft und andere bodenbewegende Aktivitäten wie Straßenbau konnten einige einjährige Arten in Klimalagen Fuß fassen, in denen sie sonst nur selten oder gar nicht vorkommen – Beispiele sind hier hauptsächlich Ackerblumen wie Klatschmohn (*Papaver rhoeas*) und die Kornblume (*Centaurea cyanus*).

Pflanzeffekte

In einem Naturgarten oder in kleinen naturnahen Bereichen hätten wir gern, daß alles ganz natürlich ist oder zumindest so scheint. Die Kunst bei der Anlage eines Naturgartens besteht also darin, den Eindruck zu erwecken, als sei alles auf natürliche Weise entstanden, etwa durch vom Wind verwehte Samen und von Eichhörnchen vergrabene Nüsse. Voraussetzung für eine natürliche Pflanzung ist das Vermeiden harter Kanten, plötzlicher Grenzen und gerader Linien. Um zu lernen, wie naturgetreue Anlagen entstehen, studiert man am besten, wie Pflanzen in der Natur wachsen, das heißt, wie Wildblumen sich auf Wiesen verteilen oder Sträucher und Bäume manchmal einzeln, manchmal in Gruppen in einem Wald stehen. In freier Natur werden Sie kaum einen Bereich finden, in dem nur eine einzige Art wächst. Pflanzen gedeihen gewöhnlich in Gemeinschaften, die oft aus einer überraschenden Vielfalt von Arten bestehen.

Gruppenpflanzungen

Die Standorte von Wildpflanzen sind nicht rein zufällig. Ihre Verteilung ist oft Folge verschiedener Umweltfaktoren, wie beispielsweise erhöhte Bodenfeuchtigkeit. Mitunter ist es sogar möglich, aufgrund der Vegetation feuchte Bereiche schon von weitem zu erkennen. So zeigen etwa die cremeweißen Blütenstände des Mädesüß (*Filipendula ulmaria*) auf vielen europäischen Wiesen die feuchten Bodenflächen an. Im feuchten Bereich der Wiese endet der Bewuchs mit Mädesüß aber nicht abrupt – er wird langsam dünner, bis er schließlich ganz aufhört, und vielleicht tritt nach und nach eine andere Wildblume an seine Stelle, die Trockenheit besser verträgt.

Beim Pflanzen oder Säen von Wildblumen sollte man versuchen, diese Form der Verteilung nachzuempfinden. Man pflanzt eine Art in der Mitte einer Fläche ganz dicht und verteilt sie dann nach außen immer sparsamer. Die verschiedenen Gruppen sollten sich vermischen und ineinander verschmelzen. Bedenken Sie auch die Wirkung aus der Ferne. Schmale Streifen aus Wildblumen, die im rechten Winkel zur Blickrichtung wachsen, sind besonders wirkungsvoll, weil man so über eine Folge unterschiedlicher Blütenfarben oder Blattstrukturen schaut. Zwischen kürzeres Gras und Wildblumen können höhere Pflanzungen wie Gruppen aus Sträuchern oder größeren Wildblumen plaziert werden, um auf diese Weise ein gewisses Maß an räumlicher Bewegung entstehen zu lassen.

Im Laufe der Zeit werden sich die Pflanzen selbst neu ordnen. Einige Arten gedeihen in manchen Bereichen besser als andere und werden diese daher verdrängen. Über die Jahre, während alle möglichen Samen auf die Erde fallen und keimen, werden alte Pflanzen zusammengedrängt oder dünner, und die gesamte Pflanzung zeigt zunehmend eine eigene Entwicklung. Am aufregendsten ist es, wenn sich neue Wildblumen einstellen, deren Samen vom Wind und durch Tiere übertragen wurden. Vor allem auf dem Land ist dies kein außergewöhnliches Ereignis, und die Ergänzung unseres Werkes durch die Natur ist eine der lohnendsten Seiten der Wildblumengärtnerei.

Kombinationen von Farben

Die richtige Kombination von Farben kann im konventionellen Garten eine große Herausforderung darstellen. Vielleicht fragen Sie sich, ob Sie es wagen sollen, dieses Purpur neben jenes Rot zu setzen, oder wie Sie die Farben in einer düsteren Ecke aufheitern könnten. In der traditionellen Rabatte wachsen Pflanzen in Büscheln, wodurch die Farben intensiviert werden. Das bedeutet, daß der Gärtner genau überlegen muß, welche Farben nebeneinandergesetzt werden können. Der Wildblumengärtner hat es da einfacher, denn Wildblumen wachsen verstreuter und zwangloser. Haben Sie jemals in einer Wiese eine mißlungene Farbkombination gesehen oder einen Teppich aus Waldblumen in grellen Farben? Sicherlich nicht, und der Grund dafür ist, daß die Blumen durcheinander wachsen und Gräser und Blätter in Grün- und Brauntönen zwischen eventuell unharmonisch wirkenden Farben weiche Übergänge schaffen.

Dies bedeutet jedoch nicht, daß der Wildblumengärtner die Farbgestaltung völlig außer acht lassen kann. Auf großen Flächen kann man Farben wahllos mischen, ohne ein großes Risiko einzugehen, auf kleineren Flächen dagegen ist Vorsicht geboten. In einem kleinen Garten oder in einem formaleren Element wie einer Wildblumenrabatte muß man darauf achten, wie die Farben mit ihrer Umgebung harmonieren. Auf begrenztem Raum ist es am besten, die Farbpalette etwas einzuschränken. Wählen Sie ein oder zwei Farben, die gut zusammenpassen, und erstellen Sie eine Liste von Blumen mit entspre-

Primula veris
Die Schlüsselblume ist eine besonders in Europa sehr populäre Wildblume, die in manchen Gegenden fast ausgerottet war, sich heute aber wieder ausbreitet, besonders auf Kreideböden. Einst wurde aus den Blüten der Schlüsselblume ein köstlicher Wein bereitet, und ein aus ihnen gewonnener Sirup diente als Hustenmittel. Diese büschelbildende Staude wird Petrus zugeordnet, weil ihre Blüten angeblich an die Schlüssel erinnern, mit denen der Heilige das Himmelstor öffnet.

chenden Blüten, die sich für den gewählten Standort eignen. Ein Beispiel wären die Farben Blau und Rosa und eine Pflanzung, die hauptsächlich aus Wiesen-Storchschnabel und rosa Moschusmalven besteht, zwei Wiesenblumen, die großartig harmonieren. Sie könnten durch die lavendelblauen Blüten der Acker-Knautien ergänzt werden oder durch einige der rosablühenden Storchschnabel-Arten.

Typisch für einen Wildblumengarten ist die dämpfende Wirkung des Laubes auf die Blütenfarben, deshalb müssen Sie überlegen, welche Gräser, Farne oder anderen Blattpflanzen zu welchen Blüten hübsch aussehen. So passen beispielsweise Gräser mit einem bläulichen Schimmer wie *Chloris* gut zu rosa, malvenfarbenen und purpurnen Blüten wie etwa denen von Indianernessel (*Monarda didyma*) und *Vernonia*. Wildblumen mit reizvollem immergrünem Laub, wie Nieswurze und schattenverträgliche Farne, sind immer zu empfehlen, vor allem wegen ihres Anblicks im Winter. Auch mehrere schattenliebende Bodendecker, wie *Galax urceolata* und Haselwurz (*Asarum*), besitzen reizvolle immergrüne Blätter. Dieses Buch zeigt, wie von der Natur inspirierte Pflanzengemeinschaften entstehen.

OBEN Mit einer Wildblumenpflanzung, die auf wenige, aber aufeinander abgestimmte Farben beschränkt ist, kann man wundervolle Effekte erzielen. So sehen zum Beispiel stahlblaue Edeldisteln (*Eryngium planum*) und rosarote *Knautia macedonica* zusammen phantastisch aus.

LINKS Wildblumen sehen am natürlichsten aus, wenn sie in Gruppen wachsen, wie hier der orangefarbene Goldmohn (*Eschscholzia californica*), auch Schlafmützchen genannt, und die meist blaublühende Hainblume (*Nemophila menziesii*).

NATÜRLICHE STANDORTE VON WILDBLUMEN

Als Standort, Biotop oder Lebensraum bezeichnet man einen Bereich, in dem sich eine bestimmte Gemeinschaft von Pflanzenarten angesiedelt hat, weil sie hier die richtigen Bedingungen findet, um gut zu gedeihen und sich im Kampf mit Nachbarn um Licht, Wasser und Platz durchzusetzen. Wildblumen wachsen im allgemeinen in Pflanzengemeinschaften, wobei jedes Biotop eine andere beheimatet. In diesem Kapitel betrachten wir Wiesen, Wälder, Feuchtgebiete und trockene Heideflächen, um herauszufinden, warum dort bestimmte Pflanzen gedeihen. Diese Lebensräume mit ihren Wildblumengemeinschaften können als Anregung dienen und Ihnen helfen, eigene naturnahe Gartenbereiche anzulegen.

Eine Bergwiese, über die der Wind streift. Die intensiven Farben zeigen, wie bunt Wildblumen sein können. Bei den rosablühenden handelt es sich um Skabiosen-Flockenblumen *(Centaurea scabiosa)*, bei den weißen um Schafgarben *(Achillea millefolium)*. Diese Blumen wachsen auf Kalkböden und sorgen im Sommer länger für Farbe als viele andere Arten. Beide sind erstklassige Wildblumen für den Garten.

Wiesen

Eine frühsommerliche Szene am Rand einer Wiese mit verschiedenen wuchsfreudigen Wildblumen wie Wiesenkerbel *(Anthriscus sylvestris)* mit seinen duftigen weißen Blütenständen, gelben Butterblumen *(Ranunculus acris)* und fliederfarbenem Wald-Storchschnabel *(Geranium sylvaticum)*. Diese Wildblumen sind typisch für fruchtbare Böden.

Bei Wildblumen denken die meisten von uns an Wiesen, ausgedehnte, sich im Wind wiegende Grasflächen, mit unendlich vielen Farbtupfern vor einem Hintergrund aus grünen und goldbraunen Tönen. Und wenn wir selbst Wildblumen ziehen, wollen wir oft nichts anderes, als ein solch lebendiges Stück Natur entstehen zu lassen. Zuerst müssen wir uns Wiesen genau betrachten und versuchen, alles an ihnen zu verstehen – am wichtigsten dabei ist zu wissen, daß Wiesen niemals natürlich sind. Natürlich sind die Prärien Nordamerikas und die Steppen des östlichen Europa, doch anderswo entstanden Wiesen durch Eingriffe des Menschen in die Natur oder landwirtschaftliche Nutzung.

Eine Wiese liefert Grünfutter und Heu, mit dem im Winter das Vieh gefüttert wird. Alle anderen Eigenschaften einer Wiese, wie etwa die Fülle ihrer herrlichen Blumen, sind absolut zweitrangig. Manche Wiesen werden jahrelang sich selbst überlassen und ein- bis zweimal im Jahr gemäht, andere gelegentlich von Kühen, Schafen oder Pferden abgeweidet, und wieder andere werden vom Bauern in mehrjährigem Turnus umgepflügt und neu eingesät.

Die traditionelle Wiese ist ein idealer Lebensraum für eine Vielzahl sonnenliebender Stauden. Da durch den jährlichen Schnitt das Wachstum von Holzpflanzen verhindert wird, können kleinere Pflanzen gedeihen, die jedes Jahr in Bodenhöhe neu austreiben. Durch einen regelmäßigen Schnitt läßt sich auch das Wachstum der kräftigeren Gräser und Wildblumen kontrollieren, so daß schwachwüchsige Arten eine Chance erhalten, sich anzusiedeln. Überließe der Bauer die Wiese aber völlig sich selbst, würden bald Sträucher und Bäume wachsen, und in wenigen Jahren wäre die Wiese dichtem Gesträuch gewichen.

Mit den Bewirtschaftungsmethoden aber verändern sich auch die Wiesen, und aus diesem Grund befinden sich heute dort sehr viel weniger Wildblumen als früher. Eine der tiefgreifendsten Veränderungen in der Landwirtschaft dieses Jahrhunderts war die Einführung stickstoffreichen Düngers, um ein rasches Wachstum anzuregen und größere Mengen Gras für die Viehfütterung zu erhalten. Durch eine solche Düngung beginnen die Pflanzen, die Stickstoff am besten nutzen können, schnell zu

RECHTS Klatschmohn *(Papaver rhoeas)* gehört zu den besonders auffallend gefärbten Wildblumen, ist einjährig und wächst in solch großen Mengen nur auf Böden, die regelmäßig gepflügt werden. Neben ihm gedeihen Ackerkamille *(Anthemis arvensis)* und Wicken *(Vicia)*, die ebenfalls einjährig sind. Wird diese Wiese sich selbst überlassen, bilden Gräser und Wildstauden dichte Narben, die den Mohn und andere einjährige Arten, die sich jedes Jahr neu aussamen müssen, nach und nach ersticken.

wachsen und schwachwüchsigere Arten wie viele Wildblumen zu verdrängen. Dieser Prozeß wird durch eine andere moderne Praxis noch verstärkt, nämlich durch die Verwendung speziell gezüchteter starkwüchsiger Gräser, insbesondere Weidelgras. Sie wachsen so kräftig, daß daneben kaum etwas eine Chance hat. Tatsächlich findet man auf einem modernen landwirtschaftlichen Anwesen unter Umständen weniger Pflanzenarten als auf einem Stück Wüste! Viele der Wildblumen, die auf den Wiesen unserer Vorfahren wuchsen, sind schlicht deshalb verschwunden, weil sie den Kampf gegen das stickstoffgedüngte Weidelgras verloren haben.

Jeder Boden beheimatet eigene, für ihn typische Wiesen. Blumen und Gräser, die auf nassen Böden gedeihen, wachsen auf trockenen Flächen gewöhnlich nicht gut – und umgekehrt. Auf Böden mit schlechter Drainage findet man Feuchtgebietsblumen wie Weiderich (*Lythrum*), Felberich (*Lysimachia*), Trollblume (*Trollius*), Wiesenschaumkraut (*Cardamine pratensis*), Kuckucksnelke (*Lychnis flos-cuculi*) und Mädesüß (*Filipendula ulmaria*), die solche Bedingungen mögen. Dann gibt es eine andere Palette an Wildblumen, die leichte, trockene Böden bevorzugen. Zu ihnen gehören Flockenblume (*Centaurea*), Skabiose (*Scabiosa*), Knautie (*Knautia*) und Malve (*Malva*). Auf dünnen Kreide- oder Kalkböden findet man eine der interessantesten und schönsten Wiesenpflanzen-Gemeinschaften (siehe Seite 49), zu der Kuhschelle (*Pulsatilla vulgaris*), Kriechender Hauhechel (*Ononis repens*) und Rundblättrige Glockenblume (*Campanula rotundifolia*) zählen. Doch selbst auf der üppigsten Wildblumenwiese findet ein ständiger Überlebenskampf statt, denn der Wettbewerb zwischen den Arten ist groß. Und die Häufigkeit oder der Zeitpunkt des Schnittes kann dramatische Auswirkungen auf das Gleichgewicht zwischen den Arten haben (siehe Seite 86).

Auf jeden Fall können wir versuchen, die Wiesen alter Zeiten auferstehen zu lassen, obwohl die Anlage mühevoll ist und mehrere Jahre dauert (siehe Seite 76–79). Am besten ist es, eine Mischung aus Arten zu ziehen, die sich für Boden und Standort eignen, denn die Ergebnisse sind stets besser, wenn man mit der Natur arbeitet. Wer eine Wiese mit einer handelsüblichen Fertigmischung aus Gräsern und Wildblumen anlegen will (siehe Seite 76), findet im Handel eine ganze Reihe von Mischungen, die auf die unterschiedlichsten Böden abgestimmt sind.

Wiesen in den verschiedenen Jahreszeiten

Da Wiesen nicht nur den Kräften der Natur überlassen bleiben, sondern auch denen des Menschen unterworfen sind, hängt die Form der Pflanzengemeinschaft, die dort gedeiht, weitgehend von der Bewirtschaftungsmethode ab. Auf traditionellen europäischen Wiesen, die nach Hochsommerende gemäht werden, wachsen Wildblumen, die zwischen Spätfrühjahr und Schnitt am farbenprächtigsten sind. Meist handelt es sich bei ihnen um hohe Arten wie Flockenblume *(Centaurea)* und Wiesen-Storchschnabel *(Geranium pratense)* oder Kletterpflanzen wie die Saatwicke *(Vicia sativa),* die an Nachbarn emporklettern, um ans Licht zu gelangen. Auf einer solchen Wiese gibt es auch früher im Jahr einige Farbtupfer – an feuchteren Stellen beispielsweise durch Kuckucksnelken und an trockeneren durch Schlüsselblumen *(Primula veris).* Auf Weiden, auf denen monatelang Rinder grasen, können sich die hohen Wildblumen, die für Sommermähwiesen typisch sind, nicht entwickeln, doch oft wachsen dort farbenfrohe Frühlingsblumen, insbesondere Arten wie Hahnenfuß *(Ranunculus),* der giftig ist und von Weidetieren gemieden wird. Der Hausgärtner kann Einfluß auf die Flora seiner Wildblumenwiese nehmen und entweder die Entwicklung der Frühjahrsblüher oder die der Sommerblüher unterstützen. So fördert ein später Schnitt hohe, sommerblühende Arten, frühere und häufigere Schnitte dagegen geben kürzeren frühlingsblühenden Pflanzen eine größere Chance.

Frühlingswiesen

Zu Beginn des Frühjahrs werden Wiesen meist von Zwiebelblumen dominiert, weil sie Nahrungsreserven gespeichert haben, die ihnen gegenüber anderen Wildblumen Vorteile verschaffen. Es gibt viele verschiedene Arten, die sich leicht in Gras ansiedeln lassen und in wenigen Jahren dichte Büschel bilden wie Krokus, Wildtulpen und Narzissen. Sie lassen von den letzten Wintertagen an bis weit in den Frühling hinein farbenfrohe Bereiche entstehen. Die Kultur von Zwiebelblumen in natürlichen Gruppen ist weit verbreitet, doch für einen echten Naturgarten ist eine große Zahl erforderlich. Infolgedessen sind vor allem die Arten zu empfehlen, die sich rasch vermehren.

Das Schneeglöckchen *(Galanthus nivalis)* und der goldgelbe Winterling *(Eranthis hyemalis)* erscheinen während der letzten Wintertage. Sie wachsen gut in kurzem Gras an leicht schattigen Plätzen, wo sie nach wenigen Jahren schöne Gruppen bil-

den. Etwas später findet man auf gutdrainierten und sonnigen Wiesen, die erst gegen Mitte oder Ende des Frühjahrs geschnitten werden, Krokusse. Eine der kräftigsten Arten ist *Crocus tommasinianus* mit seinen violetten Blüten.

Narzissen – die klassischen Frühlingsblumen – breiten sich in Gras gut aus, und zwar an sonnigen Plätzen ebenso wie an leicht schattigen. Der besondere Reiz dieser Wildformen kommt besonders durch die kleine Gelbe Narzisse *(Narcissus pseudonarcissus),* N. *obvalaris* und die Dichternarzisse *(N. poeticus)* zum Ausdruck. Kissenprimeln *(Primula vulgaris)* und Hohe Primeln *(P. elatior)* wachsen auch an schattigen Hängen oder Wiesenrändern, wo Bäume etwas Schatten werfen.

Hasenglöckchen *(Hyacinthoides non-scripta)* und Schachbrettblumen *(Fritillaria meleagris)* findet man meistens in lichtem Wald, aber auch auf Wildblumenwiesen, die nicht vor dem Frühsommer geschnitten werden und keinen zu dichten Bestand an größeren Wildblumen haben. Auch wenn Hasenglöckchen in Gras keine leuchtendblauen Blütenteppiche bilden, wie man sie im Wald sieht, so gibt es doch nur wenig andere Wiesenblumen mit einem so intensiven Blau. Eine der schönsten Spätfrühjahrsblumen Europas ist die Schachbrettblume, die allerdings in freier Natur heute selten geworden ist. Am wahrscheinlichsten findet man sie auf feuchten (aber nicht staunassen) sonnigen Wiesen.

Die ersten Blumen oder Zwiebeln beginnen meist zur gleichen Zeit wie die Narzissen zu blühen. Die Taubnessel *(Lamium)* gedeiht auf jedem Boden, sowohl an sonnigen als auch an schattigen Plätzen. Sie neigt zum Wuchern, doch auf einer Wiese wird sie von den Gräsern in Schach gehalten. Eine der klassischen europäischen Wildblumen im Frühjahr ist die Schlüsselblume *(Primula veris),* die einst weit verbreitet war. Heute sind ihre Bestände stark reduziert, und es ist deshalb um so erfreulicher, daß sie in allerletzter Zeit wenigstens auf Böschungen von Autobahnen ein Comeback erlebt. Sie gedeiht in recht kurzem Gras, vorzugsweise unter trockenen Bedingungen, sofern das Gras nicht während ihrer Wachstumsperiode gemäht wird. Wenn sie sich aussamen kann, breitet sie sich üppig aus. Weitere bekannte wilde Frühlingsblumen, die in Gartenwiesen gut gedeihen, sind Hahnenfuß *(Ranunculus)* und – an feuchteren Stellen – das Wiesenschaumkraut *(Cardamine pratensis).*

Sommerwiesen

Sommerwiesen sind die Wildblumenbiotope, die wir uns alle wünschen. Schon das Wort beschwört Bilder von heißen Sommertagen herauf, die man unbeküm-

RECHTS Gelbe Narzissen *(Narcissus pseudonarcissus)* sind wunderschöne Frühlingsblumen, die auf alten Weiden und Wiesen in hügeligen Regionen Europas wachsen, in denen nur wenig stickstoffreicher Dünger verwendet wird und somit eine große Vielfalt von Wildblumen gedeihen kann.

LINKS Auf einer unge-
düngten Sommerwiese
kann eine Fülle verschie-
dener Wildblumen wach-
sen. Im Frühsommer
blühen dort Rotklee *(Trifolium pratense)*, Rote
Lichtnelken *(Silene dioica)* und Butterblumen
(Ranunculus acris). Diese
Arten gehören zu den
Wildblumen, die besser
als viele andere mit mo-
dernen Landwirtschafts-
methoden zurechtkom-
men und sich in einem
Naturgarten leicht an-
siedeln lassen.

Nach dem Hochsommer sind die weißen Blütenstände der Schafgarbe *(Achillea millefolium)* auf Wiesen und anderen offenen Standorten ein vertrauter Anblick. Hier stehen sie neben leuchtendgelben Saat-Wucherblumen *(Chrysanthemum segetum)* und Kornblumen *(Centaurea cyanus),* beides einjährige Stauden, die verraten, daß hier die Erde während der letzten Jahre bewegt wurde, vielleicht durch einen Pflug.

mert und entspannt auf dem Land genießt. Im Hochsommer steht die Mehrzahl der Wiesenblumen in voller Blüte, vor allem die Familie der Korbblütler *(Compositae)* entwickelt jetzt ihre Pracht. In Europa blühen außerdem wuchsfreudige Blumen wie Flokenblume *(Centaurea),* Garbe *(Achillea)* und Wiesen-Storchschnabel *(Geranium pratense),* in Nordamerika *Helianthus angustifolius,* Mädchenauge *(Coreopsis)* und Roter Sonnenhut *(Echinacea).* Eine andere wichtige Gruppe sind die Schmetterlingsblütler *(Leguminosae),* zu denen Klee *(Trifolium* und Buschklee *Lespedeza),* Platterbsen *(Lathyrus),* Lupinen *(Lupinus perennis),* Wicken *(Vicia)* und *Desmodium* gehören. Einige stehen aufrecht, wie etwa *Desmodium,* andere, beispielsweise Wicken, klettern. Alle Schmetterlingsblütler spielen im Entwicklungszyklus und bei der Bodenfruchtbarkeit einer Wiese eine wichtige Rolle, denn sie haben Knöllchen an ihren Wurzeln, in denen Bakterien atmosphärischen Stickstoff in Nitrat umwandeln – die einzige Form, in der Pflanzen dieses lebenswichtige Element aufnehmen können. Wenn die Triebe oder Wurzeln eines Schmetterlingsblütlers absterben und verrotten, wird der Stickstoff für andere Pflanzen verfügbar.

Spätsommer und Herbst

In Europa sind im Spätsommer auf den Wiesen und an den Straßenrändern nur noch gelegentliche Farbtupfer zu sehen, die Garben, Skabiosen, Teufelsabbiß und Kratzdisteln bilden. Im Osten Nordamerikas gibt es dagegen eine riesige Palette spätblühender Wildblumen, von denen einige, wie etwa Phlox und Astern, weltweit den Weg in die Gartenrabatten gefunden haben. Bei den meisten handelt es sich um große Vertreter der Korbblütler *(Compositae),* obwohl viele vielleicht nicht gleich als solche zu erkennen sind. Diese Wildblumen sind groß und beeindruckend, ungemein farbenfroh und machen leicht einen etwas ungebändigten Eindruck. Es dominieren gelbblühende Blumen wie die vielen Arten der Goldrute *(Solidago)* oder Sonnenhut *(Rudbeckia)* und Sonnenblume *(Helianthus).* Aber da sind auch die Purpur- und Violett-töne von Astern, das typische Rosaviolett von *Vernonia,* das kräftige Rosa der Indianernessel *(Monarda)* und die zart gefärbten Blüten des Wasserdost *(Eupatorium).* Alle sind ausgezeichnete Schmetterlingspflanzen.

Der schöne, wenn auch nicht üppige Pflanzenwuchs auf dieser Wiese ist für Kreideböden typisch. Hier gedeihen Wildblumen wie Hundswurz *(Anacamptis pyramidalis)* und Gemeiner Hornklee *(Lotus corniculatus),* die mit größeren, kräftigeren Arten nicht konkurrieren können. Interessant ist auch, daß die Wiesenmargerite *(Chrysanthemum leucanthemum),* die auf fruchtbaren Böden zum Wuchern neigt, auf dem dünnen Kreideboden ziemlich klein bleibt.

Wiesen auf Kreideböden

Kreide-Hügelland im nördlichen Europa beheimatet eine große Vielfalt von Pflanzen, zu denen wahre Schönheiten zählen. In freier Natur grasen hier Schafe und Kaninchen die Vegetation ab und lassen eine niedrige, dichte Narbe entstehen, die sehr empfindlich auf Nutzungsänderungen reagiert. Die Gräser und Wildblumen dieser Regionen haben sich den trockenen, steinigen Böden angepaßt, auf denen Pflanzen aus fruchtbareren Biotopen nicht gedeihen. Bei vielen handelt es sich um Pflanzen, die von höherer Vegetation rasch erstickt werden, wie beispielsweise in Gebieten, in denen die Zahl der Weidetiere stark zurückgegangen ist oder Dünger eingesetzt wurden.

Einige kalkliebende Wildblumen sind klein und Gebirgspflanzen ähnlich, wie etwa wilder Thymian, Pfingstnelke *(Dianthus gratianopolitanus)* und Rundblättrige Glockenblume *(Campanula rotundifolia).* Verschiedene wachsen langsam und sind dem Leben auf mageren, dünnen Böden angepaßt. Zu den ersten, die blühen, gehört die Kuhschelle *(Pulsatilla vulgaris),* deren herrliche Blüten sich

über einem Kranz feingefiederter, seidig behaarter Blätter öffnen. Typisch für viele Blumen dieses Standortes ist ihr reines Blau – eine recht seltene Blütenfarbe, die man am häufigsten bei Bewohnern von Kreide- und Kalkböden findet. Das Blau europäischer Enziane ist von unglaublicher Intensität. Der Frühlingsenzian *(Gentiana verna)* entwickelt außerdem große Mengen von Samen, so daß er sich gut ausbreitet. Die großartigsten Blumen dieser Wiesen sind die zahlreichen Orchideenarten, zu denen etwa die Bienenragwurz *(Ophrys apifera)* und die purpurrote, duftende Hundswurz *(Anacamptis pyramidalis)* gehören.

Man benötigt jedoch keinen Kreideboden, um solche Pflanzen im Garten anzusiedeln. Selbst ein Haufen Bauschutt, mit einer dünnen Schicht Gartenerde bedeckt, eignet sich zur Anlage einer künstlichen Kreideböschung. Falls die Erde sehr dünn ist, werden dort aber nur ganz kleine Arten überleben. Bei der Pflege ist Jäten am wichtigsten, weil viele der Pflanzen nur langsam wachsen. Man sollte Wildkräuter einzeln entfernen und die Fläche regelmäßig bis zu 5 cm abmähen (siehe Seite 86).

Eine Ackerblumenwiese ist ungeheuer farbenprächtig, aber kurzlebig. Klatschmohn *(Papaver rhoeas)*, Kornblumen *(Centaurea cyanus)* und Ackerkamille *(Anthemis arvensis)*, die früher als Ackerunkräuter bezeichnet und behandelt wurden, blühen im Sommer etwa einen Monat. Im Garten kann man sie jedoch mehrmals hintereinander säen, um die Blühperiode zu verlängern.

Hier blüht die malvenfarbene Kornrade *(Agrostemma githago)* neben Klatschmohn und Ackerkamille. Einst als Unkraut geschmäht, dessen giftige Samen die Ernte verdarben, sieht man die Kornrade heute auf Äckern nur noch selten. Im Garten aber ist sie eine unkomplizierte Einjahresblume, die schon wenige Monate nach der Aussaat blüht.

Kornfelder und einjährige Wiesen

Das spektakulärste Wildblumenhabitat ist ein traditionelles Kornfeld, das mit feuerrotem Klatschmohn *(Papaver rhoeas)*, blauen Kornblumen *(Centaurea cyanus)*, malvenfarbenen Kornraden *(Agrostemma githago)* und leuchtendgelben Saat-Wucherblumen *(Chrysanthemum segetum)* übersät ist. Der Anblick erfüllt uns aber auch mit Wehmut, denn fast schon gehört er der Vergangenheit an. Die Ackerwildblumen von heute waren die »Unkräuter« von gestern, die jedes Jahr wieder erschienen sind, weil es nicht gelang, das Saatgetreide ausreichend von ihnen zu »reinigen«. Modernes Saatgut ist davon befreit, und alle überlebenden Blumen können mit Herbiziden vernichtet werden, so daß viele europäische Kornfeldblumen nahezu ausgerottet worden sind, sieht man einmal vom Klatschmohn ab. Seine Samen können Jahrzehnte im Boden ruhen, und wann immer die Erde seiner früheren Lebensräume bewegt wird, wie etwa beim Straßenbau, erwacht er zu neuem Leben.

Kornfeldblumen sind einjährige Pflanzen nackter Böden, die rasch wachsen und leere Nischen füllen, bevor andere schwachwüchsigere, aber ausdauernde Gräser und Blumen sich ansiedeln und eine stabilere Pflanzengemeinschaft entstehen lassen. Einjährige Wiesen können wunderbar bunt und fröhlich wirken, obwohl ihre Pracht nur wenige Wochen dauert. Verständlicherweise gibt es viele Gärtner, die das farbenfrohe Schauspiel dieser Wildblumengemeinschaft in ihren Garten holen wollen, was allerdings nicht ganz einfach ist. Möchte man das Wunder eines Ackerblumengartens länger als neun Tage am Leben erhalten, sind Arbeit und gute Organisation erforderlich, denn ähnlich wie im Gemüsegarten, muß mehrmals aufeinanderfolgend gesät werden (siehe Seite 85).

Ackerblumen können auch mit Mischungen aus mehrjährigen Blumen gesät werden, wobei sie im ersten Jahr, solange die Stauden noch klein sind, für Farbtupfer sorgen. Die einjährigen Blumen dienen dann gewissermaßen als vorübergehender Schutz für die langsamer wachsenden Staudensämlinge. Auch wenn die Pracht vergänglich ist, sehen die kräftigen Farben der einjährigen Blumen großartig aus.

Prärien

In dieser neu angelegten Präriepflanzung sieht man ein Meer gelber *Ratibida pinnata* mit Astern und Rudbeckien im Vordergrund. In den kommenden Jahren wird *Ratibida* durch eine größere Vielfalt von Wildblumen weitgehend verdrängt werden.

Das Wort Prärie kommt vom französischen *prairie* beziehungsweise dem lateinischen *pratum* und heißt Wiese. Als die ersten europäischen Siedler Nordamerika erreichten, erstreckte sich die Prärie über Tausende von Kilometern. Das unendlich weite Land mit Gras und Wildblumen war Lebensraum gewaltiger Büffelherden, die die Prärieindianer mit Fleisch und Häuten für Kleidung und Zelte versorgten. Das Klima der großen Prärie ist rauh: Im Winter ist es dort kalt und im Sommer heiß, es fällt wenig Regen, und Brände sind eine ständige Bedrohung. Feuer war auch der entscheidende Grund dafür, daß dieses Grasland völlig anders geartet ist als die Wiesen, mit denen sich dieses Buch bisher beschäftigt hat. Feuer verhinderte das Heranwachsen von Bäumen und Sträuchern, so daß sich Gras dann zur natürlichen Vegetation der Prärie entwickelte.

Von der ursprünglichen Langgrasprärie ist heute nur noch etwa ein Prozent übrig, da die gewaltigen Graslandschaften der Vergangenheit in Weizenanbaugebiete umgewandelt und fast vollständig zerstört wurden. Doch heute versucht man, der Prärie wieder eine Chance zu geben. Schon in den dreißiger Jahren begannen Botaniker, Landschaftsgestalter und Hobbygärtner im ganzen Mittelwesten neue

Prärieflächen anzulegen. Sie betrachteten sie als konkurrenzlose Form pflegeleichter Pflanzungen, die zudem eine sich ständig wandelnde spektakuläre Flora und Fauna bieten. Auch zogen Prärien mit ihren Wildblumen das Interesse europäischer Gartengestalter und Landschaftsarchitekten auf sich, die von der Problemlosigkeit und der großzügigen Eleganz der Präriepflanzen fasziniert waren. Die in Prärien heimischen Pflanzengemeinschaften gedeihen ebenso in Gebieten mit geringen Sommerniederschlägen wie auf mageren oder problematischen Böden.

Präriegärten in den verschiedenen Jahreszeiten

Die Prärien bestehen aus einer Anzahl typischer, sehr reizvoller Grasarten, zwischen denen eine große Vielfalt von Wildblumen wächst. Bis zu einem gewissen Grad hat die Prärie viel mit Wiesenbiotopen anderer Gegenden Nordamerikas gemein, wo viele der gleichen Pflanzenarten gedeihen. Einzigartig an einer Prärie aber ist, daß es sich um eine natürliche Wiese handelt, das heißt, um ein stabiles Ökosystem. Hier bilden Gräser zusammen mit bestimmten Wildblumen – insbesondere verschiedenen Mitgliedern der Familien der Schmetterlings-

und Korbblütler *(Leguminosae* und *Compositae)* – eine »Matrix«, ein dichtes Gewirr aus Wurzeln und Trieben, das fremden Pflanzen die Ansiedlung schwermacht, gleichzeitig aber ideale Bedingungen für andere, weniger wuchsfreudige Wildblumen der Prärie bietet. Die ersten Blumen, die sich im Frühjahr über den Resten der abgestorbenen Pflanzen des vergangenen Jahres erheben, sind nicht höher als 40 cm. Zu ihnen gehören Götterblume *(Dodecatheon meadia),* Kuhschelle *(Pulsatilla patens),* Veilchen *(Viola)* und Nelkenwurz *(Geum triflorum).* Wenn dann die Temperaturen steigen und die Gräser zu wachsen beginnen, öffnen Blumen, die bis zu 90 cm hoch sind, ihre Blüten, unter ihnen Seidenpflanzen *(Asclepias),* Akelei *(Aquilegia canadensis),* Färberhülse *(Baptisia),* Lupine *(Lupinus perennis),* Roter Sonnenhut *(Echinacea purpurea)* und Mädchenauge *(Coreopsis).*

Gegen Ende des Sommers sind die Gräser und einige der Wildblumen mannshoch. Diese Gräser und Blumen prägen den Charakter der Prärie. Man findet unter ihnen alle klassischen amerikanischen Wildblumen wie die gelben Sonnenblumen *(Helianthus),* Sonnenhut *(Rudbeckia)* und Goldruten *(Solidago)* sowie die verschiedenen Wasserdostarten *(Eupatorium)* mit ihren verzweigten rosa Blütenständen, darunter *E. fistulosum* und *E. purpureum, Filipendula rubra,* die purpurfarbene *Vernonia* und die Prachtscharte *(Liatris).* Großartige Pflanzen sind auch die hohen Präriegräser, zu denen beispielsweise *Andropogon gerardii, Sorghastrum avenaceum* und Rutenhirse *(Panicum virgatum)* gehören. In der Kurzgrasprärie, einer Pflanzengesellschaft, die weiter westlich vorkommt, sind die dominierenden Gräser *Andropogon scoparius* und *Bouteloua curtipendula.* Mit Beginn des Herbstes färben sich die Gräser kupferbraun und rot, während die Blumen welken und ihre Fruchtstände den Vögeln überlassen. Das ganze Jahr hindurch ist die Prärie eine Oase für Tiere, denn im Herbst und Winter gibt es hier Samen und im Frühjahr und Sommer Nektar und Brutgelegenheiten.

Schattige Waldflächen

Den Wald kann man als die urwüchsigste Pflanzengemeinschaft bezeichnen. Bis der Mensch eingriff, bedeckte er den größten Teil der gemäßigten Zonen dieser Erde. Überließe man eine Wiese, einen Garten oder ein Stück Brachland sich selbst, ohne unerwünschte Pflanzen zu jäten, zu mähen oder Tiere weiden zu lassen, würde dort schließlich ein Wald der einen oder anderen Art entstehen. Sobald sich Bäume angesiedelt haben, verdrängen sie durch den Schatten, den sie werfen, andere Pflanzengemeinschaften wie Gräser und Wiesenblumen. Lediglich Pflanzen, die diesen Schatten vertragen, können noch neben ihnen existieren. Ein kurzer Vergleich zwischen den Wildblumen einer Wiese und denen

re frühe Pracht ist tatsächlich eine Überlebensstrategie, denn sie beginnen zu wachsen, sobald es die Temperaturen erlauben, und entwickeln Blüten und Blätter, bevor die Bäume über ihnen ausschlagen. Wenn die Bäume voll belaubt sind, haben die Wildblumen des Waldes die wichtigsten Aktivitäten bereits hinter sich, wie die Speicherung von Nahrungsreserven und die Vermehrung.

Bei einem Spaziergang durch den Wald sind sehr unterschiedliche Formen der Vegetation gut zu erkennen. Wälder mit fruchtbarer Erde können einen dichten, mitunter sogar undurchdringlichen Bewuchs aus Brombeeren, Farnen und höheren Sträuchern wie Haselnuß *(Corylus avellana)* haben. Je

OBEN Buschwindröschen *(Anemone nemorosa)*, links, und Scharbockskraut *(Ranunculus ficaria)*, rechts, gehören zu den sehr früh blühenden schattenliebenden Wildblumen. Sie kontrastieren sehr schön mit dem Laub von Farnen. Das Scharbockskraut breitet sich in waldigen Bereichen schnell aus.

eines angrenzenden Waldes zeigt, daß sich beide in vieler Hinsicht voneinander unterscheiden. Ein Beispiel: Letztere haben oft dunkelgrünes Laub. Schattenpflanzen sind dem harten Konkurrenzkampf, der in der Sonne stattfindet, nicht gewachsen, während sich sonnenliebende Arten im Wald nur schwach und zu hoch entwickeln und leicht verdrängt werden.

Viele dieser schattenresistenten Waldpflanzen gehören zu den schönsten und beliebtesten Blumen. Frühling in einem europäischen Wald bedeutet Blütenteppiche aus Veilchen *(Viola)*, Buschwindröschen *(Anemone nemorosa)*, Kissenprimeln *(Primula vulgaris)* und den reizvollen Hasenglöckchen *(Hyacinthoides non-scripta)*. Die traditionellen Frühlingsboten sind fast durchweg Waldpflanzen, und ih-

fruchtbarer und feuchter die Erde ist, desto besser gedeihen im allgemeinen die meisten Pflanzen, was bedeutet, daß diese Eigenschaft des Waldbodens die Auswirkungen des Schattens bis zu einem gewissen Grad ausgleichen kann. Selbst Pflanzen, die Licht benötigen, wachsen in tiefem Schatten auf fruchtbarem Boden oder an feuchten Plätzen besser als an trockenen, schattigen Stellen mit magerer Erde. Es gibt viele wunderhübsche Pflanzen, die in feuchtem Schatten gedeihen, aber nur wenige, die Trockenheit und Schatten tolerieren oder gar mögen (siehe Seite 57). Wälder mit mageren und sauren Böden sind leichter begehbar. Es gibt dort insgesamt weniger Pflanzen, dafür mehr Moos und eine geringere Zahl kleiner Sträucher, Farne und Gräser.

RECHTS Waldregionen angepaßte blühende Wildpflanzen gehören zum Spektakulärsten, was unsere Flora zu bieten hat. In vielen Farbnuancen hat sich hier auf saurem Boden in leichtem Schatten Fingerhut ausgesät. Auch wenn einzelne Pflanzen nach der Blüte meist eingehen, ist Fingerhut zweijährig, samt sich im allgemeinen üppig aus und bleibt so Dauergast im Garten. Hier steht er vor den großen, runden Blättern einer *Bergenia.*

LINKS Kissenprimeln *(Primula vulgaris)* sind im Spätwinter und Frühjahr ein vertrauter Anblick in vielen Wäldern Europas. Einmal gepflanzt, breiten sie sich langsam durch Selbstaussaat aus.

Waldtypen

Die Zusammensetzung der Wildblumengemeinschaften in Wäldern wird durch die vorherrschenden Baumarten, den pH-Wert des Bodens und vor allem durch die Bodenfeuchtigkeit bestimmt.

Die Bäume Einige Bäume können nicht nur das auf die Erde fallende Sonnenlicht extrem gut ausnutzen, sondern auch das Wasser und die Nährstoffe, die im Boden enthalten sind. Zu dieser Gruppe gehören viele Koniferen, Buchen *(Fagus)* und Ahorne *(Acer)* wie der europäische Bergahorn *(Acer pseudoplatanus)*, und es gibt nur sehr wenige Pflanzen, die unmittelbar unter ihnen gedeihen können. Doch solange natürliche Nadelwälder einigermaßen licht sind, können dort einige Wildpflanzen wachsen wie etwa Preiselbeeren *(Vaccinium vitis-idaea)*, Hainsimsen *(Luzula)* oder Wald-Wachtelweizen *(Melampyrum sylvaticum)*. Dichtstehende Bäume bedeuten immer einen dunklen Waldboden, wo außer Moosen und angepaßten Wildblumen wie Wintergrün *(Pyrola)* wenig gedeiht. Andererseits werfen bestimmte Bäume wie etwa Birken *(Betula)* einen so leichten Schatten, daß unter ihnen auch viele sonnenliebende Pflanzen wachsen wie die Heidelbeere *(Vaccinium myrtillus)* und Heidekraut

Hundszahn *(Erythronium dens-canis)* und Gelbe Narzissen *(Narcissus pseudonarcissus)* blühen hier unter einer Eiche. Ganz vorn wächst Scharbockskraut *(Ranunculus ficaria)*. Die Farben schattentoleranter Blumen können ebenso prächtig sein wie die sonnenliebender Arten.

Zu Frühjahrsbeginn blühen Buschwindröschen *(Anemone nemorosa)*, links, und Alpenveilchen *(Cyclamen repandum)*, rechts, im leichten Schatten von Bäumen. Beide breiten sich im Lauf der Jahre langsam, aber zuverlässig aus. Das Fallaub bildet eine gute Mulchdecke, die die Bodenfeuchtigkeit bewahrt.

(Calluna vulgaris). Allgemein gilt die Regel: Je tiefer der Schatten, um so geringer die Vegetation.

Bodensäuregrad (pH-Wert) Viele natürliche Wälder haben einen leicht sauren Boden, und einige der schönsten Wildblumen brauchen saure Bedingungen, um zu gedeihen. In einem solchen Wald findet man die größeren Hartriegel *(Cornus),* wilde Rhododendren und Azaleen und vielleicht Blumen wie Dreiblatt *(Trillium), Shortia* und *Phlox stolonifera.* In Wäldern mit alkalischem Boden ist die Erde häufig mit üppiger Vegetation bedeckt. So wachsen etwa Waldmeister *(Galium odoratum),* Mandel-Wolfsmilch *(Euphorbia amygdaloides),* Glockenblumen *(Campanula)* und Nieswurze *(Helleborus)* gern an einem schattigen Platz mit alkalischem Boden.

Feuchtigkeit Zur begrenzten Palette der Pflanzen, die sowohl Schatten als auch Trockenheit vertragen, gehören neben Wurmfarn *(Dryopteris filix-mas)* und immergrünem Schildfarn *(Polystichum acrostichoides)* Purpurglöckchen *(Heuchera)* und ihre Verwandte *Tellima grandiflora* – Pflanzen mit reiz-

vollen immergrünen Blattrosetten und weißen oder grünen Blüten. Die kriechenden Immergrüne *Vinca minor* und *V. major* mit ihren blauen Blüten gedeihen in trockenem Schatten ebenso wie die stattliche *Euphorbia robbiae,* eine sich stark ausbreitende Immergrünart mit hübschen blaßgrünen Blüten, die sich zu Frühjahrsbeginn öffnen. Ein unübertroffener Überlebenskünstler für trockene, schattige Plätze ist der Efeu *(Hedera helix).*

In feuchten Wäldern gedeihen viele Farne sehr üppig und sorgen für eine frische, belebende Atmosphäre, wie der Straußenfarn *(Matteucia struthiopteris)* mit seinen hellgrünen ausladenden Wedeln und der schöne niedrigere Perlfarn *(Onoclea sensibilis).* Wenn der Schatten nicht zu dicht ist, wird man auch Blütenpflanzen finden wie Mädesüß *(Filipendula ulmaria)* und Geißbart *(Aruncus dioicus),* eine großartige Pflanze mit charakteristisch gerippten Blättern, die bis 2 m hoch werden kann. Beide Pflanzen tragen im Sommer zarte cremefarbene Blütenstände, die gut mit dem filigranen Laub harmonieren. Ein ausgezeichneter Bodendecker für feuchten Schatten ist der Günsel *(Ajuga reptans).*

Hasenglöckchen *(Hyacinthoides non-scripta)* bieten immer einen faszinierenden Anblick. Diese herrliche Wildblume bedeckt während des Spätfrühjahrs in vielen Wäldern des nördlichen Europa den Boden mit einem Teppich aus leuchtendblauen Blüten. Glücklicherweise läßt sie sich im Halbschatten leicht einbürgern, besonders auf leichteren Böden.

Halbschatten

Auf halbschattigen Flächen, wo das ganze Jahr hindurch bessere Lichtverhältnisse herrschen als auf schattigen, gedeiht eine breitere Palette an Wildblumen und Sträuchern, unter ihnen auch eine größere Zahl sommerblühender Arten. Die meisten echten Waldbewohner können hier nicht wachsen, da sie von höheren und kräftigeren Pflanzen verdrängt werden, die sich in lichtem Schatten wohl fühlen. Allerdings sind die Bedingungen in Hecken und auf kleineren baumbestandenen Flächen sehr unterschiedlich, und es gibt auch dort dunkle Stellen, an denen noch echte Schattenpflanzen wachsen. Waldige Rabatten und Waldlichtungen sind wichtige Plätze sowohl für Tiere als auch für Wildblumen und bilden einen Übergang zwischen offenen Wiesen und Wald, wo dichte Sträucher und Kletterpflanzen Tieren sichere Plätze zum Schlafen und Brüten bieten.

Hecken

Das Besondere an einem Heckenbiotop ist, daß es sowohl vertikal als auch horizontal auf sehr kleinem Raum eine Vielfalt winziger Lebensräume bietet.

RECHTS Lichtem Schatten angepaßte Frühlingsblumen können ungemein farbenfroh sein. An leicht feuchten Plätzen gedeihen Goldnessel *(Lamiastrum galeobdolon)*, Günsel *(Ajuga reptans)* und Rote Lichtnelke *(Silene dioica)* sehr gut. Die konkurrierende Distel sollte entfernt werden.

OBEN *Geranium* ›Johnson's Blue‹ ist eine winterharte Storchschnabelsorte, die auch neben Wildblumen hübsch aussieht. Hier wächst sie in einem halbschattigen Bereich mit der im Hochsommer blühenden Schneeweißen Hainsimse *(Luzula nivea)*.

RECHTE SEITE Für Heckenwildblumen ist das Spätfrühjahr die beste Jahreszeit. Hier gedeihen Rote Lichtnelken *(Silene dioica)*, Acker-Hahnenfuß *(Ranunculus arvensis)* und Bärenlauch *(Allium ursinum)* im Schatten einer Hecke. Bärenlauch wächst und blüht schnell, stirbt dann aber, etwa im Hochsommer, bis auf die Zwiebeln ab.

Das Jahr beginnt hier häufig mit Schneeglöckchen und Kissenprimeln, die an den schattigsten Stellen am Fuß der Hecke wachsen. Im Spätfrühjahr ist der Boden um viele Hecken übersät mit rosa, weißen oder blauen Blüten. Die allgegenwärtigen Roten Lichtnelken *(Silene dioica)* sorgen für Rosarot, Hasenglöckchen für Blau und Echte Sternmiere *(Stellaria holostea)* und Wiesenkerbel *(Anthriscus sylvestris)* mit seinen Verwandten für Weiß. Blütensträucher wie Weißdorn *(Crataegus monogyna)* und Schneeball *(Viburnum)* können Bestandteil der Hecke sein. Zu Beginn des Sommers erscheinen höhere Wildblumen wie das butterblumengelbe Johanniskraut *(Hypericum perforatum)* und Wildrosen. Andere farbenfrohe Blumen, die die Hecke in den kommenden Monaten bunt färben, sind das rosa Ruprechtskraut *(Geranium robertianum),* der noch auffälligere Waldstorchschnabel *(Geranium sylvaticum)* und verschiedene Taubnesseln, wie Goldnessel *(Lamiastrum galeobdolon),* Weiße Taubnessel *(Lamium album)* und Gefleckte Taubnessel *(L. maculatum).* Im Spätsommer gibt es in ländlichen Hecken möglicherweise recht wenig Blüten, auch wenn der Teufelsabbiß *(Succisa pratensis)* blüht, der viele Schmetterlinge anlockt. Die nachfolgenden Monate sind meist wieder farbenfroher, weil Beeren und die satten Töne des Herbstlaubes erscheinen.

Waldlichtungen

Offene Flächen im Wald, Waldlichtungen und Waldränder sind zwar ökologisch weniger vielseitig, haben aber dennoch einiges zu bieten. So sind sie bevorzugte Standorte einer der schönsten Frühjahrs-Wildblumen, des Hasenglöckchens, und wenn der Frühling allmählich dem Sommer weicht, findet man hier häufig Blumenarten, wie den zweijährigen Fingerhut oder den Eisenhut, von dem die beliebteste Art der Sturmhut *(Aconitum napellus)* ist mit seinen dunkel glänzenden tiefblauen Blüten. Darüber hinaus gibt es noch andere Blumen wie *Aconitum vulparia* mit blaßgelben Blüten oder das kletternde *Aconitum volubile,* das Blüten in zartem Blaßlila trägt. Eine reizvolle Gruppe hoher, schattentoleranter Wildblumen bilden die Glockenblumen *(Campanula).* Sowohl die Nesselblättrige Glockenblume *(C. trachelium)* mit ihren zart graublauen Blüten als auch die dunklere Breitblättrige Glockenblume *(C. latifolia)* samen sich bereitwillig aus. Die höchsten Blütenstände sind die der Silberkerze *(Cimicifuga). Cimicifuga racemosa* und *C. racemosa* var. *cordifolia* mit ihren schlanken Trauben aus weißen Blüten werden bis zu 1 m hoch, die herbstblühende *C. simplex* wird sogar noch höher.

Feuchtgebiete

Unter allen Biotopen gehören Feuchtgebiete zu den vielfältigsten. Das Ökosystem eines Feuchtgebietes ist variantenreicher als das einer vergleichbaren Fläche mit trockenem Boden, weil es nicht nur innerhalb seiner Grenzen einer großen Zahl von Pflanzen und Tieren Lebensraum bietet, sondern darüber hinaus von großem Nutzen ist, denn es lockt Vögel und Insekten an, die sich hier zum Fressen und Trinken einfinden. Man muß nur an einem heißen Tag an einem natürlichen Flußufer, einem Teich oder einem Schilfbereich entlang spazierengehen und dem ständigen Summen der Insekten im Hintergrund lauschen.

Sümpfe und Teiche

Innerhalb von zwei oder drei Jahren wirkt eine neue Feuchtwiesenfläche so, als sei sie schon immer dagewesen, denn in einem Feuchtgebiet siedeln sich Pflanzen wie Tiere sehr schnell an, da die ständige Feuchtigkeit gewährleistet, daß das Wachstum während des Frühjahrs und Sommers nie zum Still-

Die gelbe Sumpfdotterblume *(Caltha palustris)* und das Schildblatt *(Darmera peltata)* mit seinen langstieligen Trugdolden gehören zu den sehr früh blühenden Uferzonenpflanzen. Die großen Blätter des Schildblattes entfalten sich später.

stand kommt. Das Jahr kann mit dem leuchtenden Gelb der Sumpfdotterblumen beginnen und mit den weißen und gelben Spathen von Aronstab *(Arum italicum)* oder verschiedener *Lysichiton-Arten.* Die eigentliche Jahreszeit der meisten Feuchtgebietspflanzen aber ist der Sommer. Ihre Farben sind oft leuchtend, wie etwa das dunkle Magentarot des Blutweiderich *(Lysimachia salicaria)* oder die vielen kräftigen Gelbtöne der Wasser-Schwertlilie *(Iris pseuda-*

corus) und des Felberich *(Lysimachia).* Noch farbenprächtiger können nordamerikanische Feuchtgebiete sein mit dem tiefen Purpur der Schwertlilien *I. versicolor* und *I. virginica* sowie dem leuchtenden Scharlachrot von *Lobelia cardinalis.* Aber es gibt auch viele zarte feuchtigkeitsliebende Pflanzen, wie etwa das Mädesüß *(Filipendula ulmaria* und *F. vulgaris)* mit seinem bezaubernden Duft, den zartrosa Wasserdost *(Eupatorium)* und zahllose grasähnliche Pflanzen, die am Wasser gut gedeihen, wie Schilf *(Phragmites australis),* Rohrkolben *(Typha latifolia)* und Flatterbinse *Juncus effusus).* Gräser und Simsen haben zwar zarte Farben, ihre Formen jedoch sind kräftig, insbesondere die ihrer Fruchtstände, die oft den ganzen Winter erhalten bleiben. Innerhalb eines jeden Biotops gibt es gewisse Unterschiede bei Schattenmenge und Bodenfruchtbarkeit, am entscheidendsten für die Art der Vegetation ist aber der Grad der Feuchtigkeit. In freier Natur erfolgt der Übergang vom trockenen Land zum Wasser meist allmählich, wobei eine Sequenz unterschiedlicher Lebensräume für ein breites Spektrum an Wildblumen entsteht.

Auf Wiesen, die nur feucht sind, findet man viele üppig wachsende Wildblumenarten, die an trockeneren Plätzen kaum anzutreffen sind, wie Trollblumen *(Trollius),* Wiesen-Schaumkraut *(Cardamine pratensis)* und Kuckucksnelken *(Lychnis flos-cuculi).* Wo der Boden richtig naß wird, ändert sich die Flora wieder, und man sieht Sumpfdotterblumen, hellgelbe Bach-Nelkenwurz *(Geum rivale)* und die duftige rosa Bachminze *(Mentha aquatica).* Am Rand des Wassers wächst eine für Uferzonen typische Flora, das heißt Pflanzen, die gerne im Wasser wurzeln wie Wasser-Schwertlilien, Rohrkolben *(Typha latifolia)* und die rosablühende Blumenbinse *(Butomus umbellatus).* Auch Sumpfdotterblumen, Weiderich und Felberich können im Wasser stehen.

Direkt im Wasser wachsen echte Wasserpflanzen wie Seerosen und die verschiedenen Unterwasserpflanzen, die für den Sauerstoffhaushalt eines Teiches eine wichtige Rolle spielen. Seerosen sind nicht nur empfehlenswert, weil sie hübsch aussehen, sondern spenden mit ihren Blättern anderen Lebewesen im Wasser Schatten und haben eine wichtige Funktion im Ökosystem Teich. Doch ihre Schönheit sollte uns nicht blind machen für andere kleinere Wildblumen, die sich vielleicht in einem kleinen Teich befinden, wie etwa Bitterklee *(Menyanthes trifoliata)* mit seinen sternförmig angeordneten rosagefransten Petalen oder die filigrane Wasserfeder *(Hottonia palustris).*

Ein Teich, an dem eine Fülle von Uferzonen-pflanzen gedeiht. Die Wasserfläche wird von Seerosen *(Nymphaea)* dominiert, und in flache-ren Bereichen wächst die reizvolle Blumenbinse *(Butomus umbellatus),* deren rosa Blüten an hohen Stengeln stehen. Punktierter Felberich *(Lysimachia punctata)* bildet hinter der Blumen-binse in der nassen Erde am Ufer einen dichten Busch.

Die Blätter der Wasserfeder *(Hottonia palustris)* befinden sich unter Wasser, ihre hübschen leuchtendrosa oder weißlichen Blüten aber ragen im Sommer aus dem Wasser heraus. Die Wasserfeder bevorzugt kühles und klares Wasser, sowohl fließendes wie stehendes.

Bäche, Ufer, Sümpfe

Die Ufer von Bächen und Flüssen gehören zu den reizvollsten und aufregendsten Wildblumenbiotopen überhaupt. Der Anblick und das Geräusch fließenden Wassers schaffen ein wundervoll lebendiges und gleichzeitig entspannendes Ambiente. Besonders großartig wirken hier Pflanzen mit großen, auffälligen Blättern, wie die verschiedenen Pestwurze *(Petasites)*, oder Arten, deren Laub und Stengel sich über das Wasser neigen, wie beispielsweise bei der Hängesegge *(Carex pendula)*.

Flußufer, die durch überhängende Bäume beschattet werden, eignen sich sehr gut für schattentolerante Pflanzen wie Farne. Ist ein Ufer offen und sonnig, gedeihen dort alle Feuchtgebietspflanzen (siehe Seite 60). Uferzonenpflanzen wie die Wasser-Schwertlilie *(Iris pseudacorus)* wachsen meist weiter unten am Ufer, wo zumindest zeitweise Überschwemmungen möglich sind, weiter oben dagegen

Sumpfpflanzen wie Mädesüß *(Filipendula ulmaria)* oder Wasserdost *(Eupatorium cannabinum)*. Weitere reizvolle und leicht anzusiedelnde Uferpflanzen sind blaue Vergißmeinnicht *(Myosotis laxa* und *M. palustris)* sowie Gauklerblumen *(Mimulus)*, die gelbe oder rote Blüten haben. Es muß aber bedacht werden, daß sie sich ebenso wie mehrere andere Uferzonenpflanzen, etwa der berüchtigte Molchschwanz *(Saururus cernuus)*, sehr rasch ausbreiten können. In einem größeren Garten mag dies sogar wünschenswert sein, in kleineren kann es jedoch Probleme geben.

Häufig sind Ufer unbefestigt, und wuchsfreudige Pflanzen mit kräftigen Wurzelsystemen können für sie eine wichtige Rolle spielen, weil sie ihnen Stabilität verleihen. Ausgezeichnet eignet sich hier das Schildblatt *(Darmera peltatum)*, dessen ungewöhnliche rosa Blüten vor den Blättern erscheinen, die groß und auffallend sind. Eine kräftig wurzelnde Pflanze für die höheren Uferbereiche ist der Wie-

senknöterich *(Polygonum bistorta),* der im Frühsommer reizvolle blaßrosa Blütenstände trägt.

Sümpfe

Wie zuvor bereits erwähnt, ist der Grundwasserspiegel der wichtigste variable Faktor in Feuchtgebieten, eine große Rolle aber spielt auch der pH-
Wert von Wasser und Boden. Feuchtgebiete in alkalischen – also kalkreichen – Regionen wirken üppig und fruchtbar und sind voll von hohem wogen-
dem Schilf und kräftigen Wildblumen wie Schwertlilien und Felberich. Dagegen sehen saure Feuchtgebiete beziehungsweise Moore deutlich ärmer aus.
Allgemein ist die Fauna hier weniger leuchtend gefärbt und nicht so vielfältig. Bei näherer Betrach-
tung enthält ihre charakteristische Wildblumenflora
jedoch einige ungewöhnliche Pflanzen, und ein
Moorgarten kann verblüffende Farben hervorbrin-
gen. Zwei besonders markante Pflanzen sind die

frühjahrsblühende *Helonias bullata* und die leuchtendrosa *Rhexia virginica,* die ihre Blüten im Spätsommer öffnet. Moorpflanzen sind fast immer Kalk-
flieher. Deswegen ist die Anlage eines Moorgartens
nur da möglich, wo kein Kalk ins Wasser gelangen
kann. Die Fruchtbarkeit eines Sumpfgartens muß
gering gehalten werden, so daß kräftigere Gräser
und Simsen dort nicht gedeihen können. Da Moorpflanzen einer Umgebung angepaßt sind, die für die
meisten Pflanzen recht lebensfeindlich ist, können
sie mit wuchsfreudigen Pflanzen auf einem reiche-
ren Boden nicht konkurrieren. Moore sind so stick-
stoffarm, daß einige der dort wachsenden Pflanzen
Insekten fressen, um dieses lebenswichtige Element
zu erhalten. Moore in kühleren Klimalagen behei-
maten mehrere Arten des Sonnentau *(Drosera),* der
mit umgewandelten klebrigen Blättern Insekten
fängt. In Mooren wärmerer Gegenden findet man
häufig eine größere Anzahl fleischfressender Pflanzen, wie etwa die Schlauchpflanze *(Sarracenia).*

Direkt am Ufer wachsen
zwei Schwertlilienarten,
die die permanente
Feuchtigkeit lieben. Die
gelbe Wasser-Schwertlilie
(Iris pseudacorus) ist eine
robuste, anpassungsfähige
europäische Art, während
die neben ihr blühende
lilafarbene *Iris ensata* aus
Japan stammt, sehr schön
ist, aber Boden und
Wasser kalkfreier Art
benötigt.

Heideland

Heideland dünkt vielen als karge Landschaft, über die Sturm und Wind hinwegfegen. Auf dem unfruchtbaren, sauren Boden gedeihen außer Rhododendren, Azaleen und Heide zwar nur wenige Pflanzen, wenn jedoch die Heide in voller Blüte steht, kann eine Heidelandschaft zu einem der farbenfrohesten Lebensräume werden, die wir kennen. Und sieht man einmal genauer hin, entdeckt man oft noch eine Fülle anderer Pflanzen, von denen viele eng verwandt mit der Heide sind, wie zum Beispiel robuste kleine Sträucher wie die Heidelbeere (Vaccinium myrtillus) und die Lavendelheide (Andromeda polifolia). Diese Zwergsträucher wachsen meist so kunterbunt durcheinander, daß es fast unmöglich ist, die einzelnen Pflanzen zu unterscheiden.

Wenn man ein Grundstück mit dieser etwas unwirtlichen Erde hat, verspricht ein Heidegarten vielleicht den größten Erfolg. Er hat den Vorteil, daß er hinsichtlich der Pflege anspruchslos ist, denn durch den niedrigen, dichten Pflanzenwuchs ist Schneiden oder Jäten kaum erforderlich. Was in einem Heidegarten wachsen kann, wird weitgehend durch das lokale Klima bestimmt. Wo die Winter wirklich kalt und hart sind, werden nur die unempfindlichsten Pflanzen überleben. Glücklicherweise steht von Heidekraut und Glockenheide (Calluna vulgaris),

Schneeheide (Erica herbacea) und Grauheide (E. cinerea) eine riesige Auswahl absolut winterharter Sorten zur Verfügung, die alle in freier Natur vorkommen, was für Sorten ungewöhnlich ist. Wenn der Sommer seinen Höhepunkt überschritten hat, verwandelt Calluna vulgaris viele Heidelandschaften in ein Meer tiefpurpurroter Blüten, von denen, wie behauptet wird, der beste Honig der Welt stammt. Erica herbacea, die Schneeheide, ist erstaunlich kalkverträglich und empfehlenswert, weil sie im Spätwinter blüht. Zwischen der Heide wachsen robuste kleine Sträucher wie die allseits beliebte und eßbare Preiselbeere (Vaccinium vitis-idaea) mit ihren leuchtendroten Früchten und die Bärentraube (Arctostaphylos uva-ursi), eine Kriechpflanze mit glänzenden Blättern, die für schöne Formkontraste sorgen.

Einige andere niedrige Sträucher aus der Familie der Heidekrautgewächse (Ericaceae) wie die Scheinbeere (Gaultheria) können trotz starken Windes und dünnen Bodens gedeihen. Diese Verwandten der Heidelbeere bilden drahtige Sträucher mit reizvollen Blättern und Beeren. Die bekannte Heidelbeere (Vaccinium myrtillus) ist vielleicht nicht das aufregendste Mitglied dieser Gruppe, wächst aber selbst an den exponiertesten, windigsten Plätzen und trägt köstliche Früchte. Zwei besonders robuste größere Pflanzen für kalte Plätze sind Wacholder (Juniperus communis) und der Besenginster (Cytisus scoparius), ein Strauch mit leuchtendgelben Schmetterlingsblüten. Ein anderer vielseitiger Strauch ist der Scheineller (Clethra alnifolia), der süß duftende weiße Blüten hat. Darüber hinaus gibt es für diese Standorte einige reizvolle Gräser, wie etwa das Pfeifengras (Molinia caerulea), die auch für Tiere wichtig sind.

Manche Heidegebiete haben ein stürmisches, aber recht mildes Klima. Hier kann ein weit größeres Spektrum an Pflanzen wachsen, von denen wiederum viele aus der Familie der Heidekrautgewächse stammen. Empfehlenswert sind vor allem einige in Westeuropa heimische Pflanzen wie etwa die Irische Heide (Daboecia cantabrica) mit ihren dicken malvenfarbenen Glocken, die bis zu 1 m hohe Erica vagans und die weißblühende Baumheide (Erica arborea), die sogar dreimal so hoch wird. Einige andere Sträucher des Heidelandes werden in milden Gegenden noch höher. Zu ihnen gehören verschiedene Ginster und der Erdbeerbaum (Arbutus unedo) mit seinen roten Früchten, der an einem geschützten Platz Baumgröße erreicht.

Hier blühen im sauren Boden eines Heidegartens winterharte Formen der Glockenheide und etwas niedriger Erica erigena. Dazwischen wächst als schöner Formkontrast hoher Wacholder (Juniperus) und dahinter gelbblühender Besenginster (Cytisus scoparius).

Trockene Gebiete

In vielen trockenen Regionen ist das Frühjahr die farbenprächtigste Zeit, weil die Pflanzen ihre Blüten öffnen, bevor die Sommerhitze einsetzt. Hier blüht Besenginster (*Cytisus*) zwischen einem sich üppig ausbreitenden Schopflavendel (*Lavandula stoechas*). In Gebieten wie diesem, in denen mediterranes Klima herrscht, liegt die Hauptwachstumsperiode vieler Wildblumen zwischen Herbst und Frühjahr.

Anders als allgemein angenommen, sind Pflanzen der Trockenzone nicht nur grau und braun, sondern bescheren uns eine spektakuläre Blütenpracht. So gehört etwa die heimische Flora Australiens zu den vielfältigsten und schönsten der Welt, und *Banksia*, Myrtenheide (*Melaleuca*), *Grevillea* und auch andere Wildblumen des Buschs erfreuen sich außerhalb Australiens als Gartenpflanzen wachsender Beliebtheit.

Trockengebiete sind natürlich sehr unterschiedlich und ebenso die für sie typische Flora. Bestimmte Merkmale decken sich aber bei vielen Pflanzen, ob sie im australischen Busch, in der französischen Macchie oder im kalifornischen Chaparral wachsen. Häufig findet man Pflanzen mit kleinen, trockenheitsresistenten grauen Blättern, die oft behaart oder wachsartig beschaffen sind und aromatische Öle enthalten, oder robuste, drahtige, kleine Sträucher und Bäume mit schuppiger, feuerbeständiger Rinde. Zu diesem Typ gehören mehrere der strauchigen mediterranen Pflanzen, die seit Jahrhunderten kultiviert werden – Lavendel, Myrte, Salbei und Zistrose. Noch trockener sind Halbwüstenbereiche, wo Pflanzen wasserspeicherndes sukkulentes Laub oder unterirdische Speicherorgane besitzen und das Land nach der Regenzeit von großartig gefärbten Einjahresblumen bedeckt wird. Eine gute Auswahl dieser Pflanzen für den Garten zu treffen, war eine beachtliche Pionierarbeit der mit den Trockenzonen vertrauten Wildblumengärtner.

In Lebensräumen mit trockenem Klima findet man oft eine geringere Zahl an Bäumen und Stauden, dafür aber mehr Sträucher, Zwiebel- und einjährige Blumen. Die charakteristischsten Bäume der Trockenregionen sind Kiefern, Olivenbäume (*Olea europaea*) und *Arbutus*-Arten. Viele Trockengebiete haben ein großes Spektrum an Zwiebelblumen, die das kühle, feuchte Wetter der Winterzeit zum Wachsen und Blühen nutzen und sich dann vor Einsetzen der Sommerhitze in den Boden zurückziehen. Eine enorme Vielfalt an Formen und Farben bieten Wildtulpen, vor allem die *Tulipa sylvestris*. Eine weitere farbenprächtige Pflanzengruppe mit unterirdischen Speicherorganen bilden wilde Anemonen aus dem Mittelmeerraum wie *Anemone pavonina*. Sträucher, und was es sonst noch an Stauden gibt, blühen ebenfalls meist während der kühlen Jahreszeit, so daß im Sommer hauptsächlich einjährige Blumen für Farbe sorgen. Die einjährige Flora trockener Regionen ist oft sehr vielfältig, ruht jedoch die meiste Zeit als Samen im Boden. Erst nach kräftigem Regen entwickelt sie häufig die ganze Pracht ihrer Farben.

Küstengebiete

Das Leben am Meer ist in vieler Hinsicht reizvoll, doch während Mensch und Tier in Behausungen Schutz suchen, wenn Winterstürme über die Küste fegen oder die Sonne tagelang auf sie niederbrennt, sind Pflanzen Wind und Wetter ausgeliefert. Und Gärten in Küstengebieten müssen viel erdulden. Nach der heißen Sonne und den alles austrocknenden Winden des Sommers folgen Winterstürme, die Salz mit sich bringen, das dem weichen Pflanzengewebe schweren Schaden zufügen kann. Böden am Meer sind gewöhnlich unfruchtbar und entweder sehr trocken oder staunaß, manchmal auch beides in rasch wechselnder Folge. Diese Bedingungen stellen eine große Herausforderung für einen Gärtner dar, doch glücklicherweise gibt es eine große Palette an reizvollen Wildblumen, die diesen rauhen Bedingungen angepaßt sind.

An der Küste kann man zwei Hauptbiotope unterscheiden. Das eine ist die Küste selbst, wo Wind und salzige Gischt nur sehr wenigen Pflanzen eine Chance geben, das andere sind die häufig extrem durchlässigen, sandigen Böden weiter im Landesinneren, die besser geschützt liegen. Pflanzen, die direkt an der Küste gedeihen, haben oft dicke, wachsartige Blätter, die sie vor Austrocknung und Salz schützen. Einige besonders gut angepaßte Pflanzen, die in einem Steingarten oder einer kleinen Rabatte am Meer wachsen können, sind Grasnelke, *Silene maritima* und das Blauglöckchen *(Mertensia maritima),* dessen Blätter mit herrlich graublauem Flaum versehen sind und dessen reinblaue Frühjahrsblüten an Vergißmeinnicht erinnern. Zu den etwas größeren Pflanzen gehören Stranddistel *(Eryngium maritimum),* Meerlavendel *(Limonium)* mit seinen rosa

In den stahlblauen Blüten der Stranddistel *(Eryngium maritimum)* wiederholt sich das Blau des Meeres im Hintergrund. Diese ungewöhnlich attraktive Wildblume mit ihren bläulichen Blättern und distelartigen Blüten gehört zu den wenigen Pflanzen, die unter den unwirtlichen Bedingungen der Sanddünen gedeihen können.

Blüten und die Strand-Platterbse *(Lathyrus japonicus)*, eine rosafarbene Verwandte der Duftwicke. Sträucher gedeihen nur wenige nah am Meer, doch zu den schönsten Blütensträuchern gehören Bibernellrose *(Rosa pimpinellifolia)*, Tamariske *(Tamarix)* und die großartige Buschmalve *(Lavatera arborea)*.

Zu den Problemen, mit denen Besitzer von Küstengärten konfrontiert werden können, gehört Sand, der ständig in Bewegung ist. Glücklicherweise gibt es einige robuste Gräser, die dem Sand Halt verleihen und durch dicke Sandschichten wieder hindurchwachsen, falls sie darunter begraben werden. Zu den besten Gräsern für instabile Sanddünen gehört Strandhafer *(Ammophila arenaria)*, obwohl er mit seinen Qualitäten als Ziergras nicht zur obersten Kategorie zählt. Nordamerikaner haben zwei heimische Arten zur Verfügung, die auch noch hübsch aussehen, nämlich Plattährengras *(Uniola paniculata)* und *Panicum amarum*. Gräser wirken am Meer besonders hübsch, da ihre senkrechten Linien im Kontrast zu den dominierenden horizontalen Linien maritimer Landschaften stehen.

Weiter weg von der Küste, zwischen den Dünen, gedeiht dann eine Vielzahl von Wildblumen. Zu der Familie der Malvengewächse *(Malvaceae)* gehören mehrere größere, wuchsfreudige Arten mit großen rosa Blüten – wie Samtpappel *(Althaea officinalis)*, *Kosteletskya virginica* und einige Hibiskusarten –, die dort wachsen, wo die Drainage schlecht ist. Auch gibt es verschiedene Korbblütler, die hier gedeihen, beispielsweise *Pulicaria dysenterica* und Kokardenblume *(Gaillardia pulchella)*. Außerdem wachsen Nachtkerzen *(Oenothera)* in Sand und bilden zwischen den Dünen wunderschöne Blickfänge.

Trotz Wind und salziger Gischt gibt es an Küsten mitunter farbenfrohe Wildblumenbiotope. Auf Klippen bilden hier Grasnelken *(Armeria maritima)* dichte blühende Kissen. Daneben wachsen die weißblühende *Silene maritima*, Wundklee *(Anthyllis vulneraria)* mit seinen goldgelben Blütenköpfchen sowie *Carpobrotus deliciosus*, eine südafrikanische Pflanzenart mit großen intensivrosa Blüten.

DAS ANLEGEN VON WILDBLUMENBIOTOPEN

Das Anlegen eines Wildblumenbiotops ist Vergnügen und Herausforderung zugleich und kann eine vollkommen neue Betrachtungsweise der Gartengestaltung beinhalten. Gärten oder Bereiche, in denen Wildblumen wachsen, sind zunächst ebenso zeit- und arbeitsintensiv wie andere Gärten und erfordern während der Anwachsphase viel Sorgfalt, auch wenn sie auf lange Sicht nur wenig Pflege brauchen. Bei ihrer Anlage ist es keineswegs damit getan, Samen auszustreuen und auf das Beste zu hoffen; die Entwicklung einer stabilen Pflanzengemeinschaft kann mehrere Jahre dauern. Allerdings gibt es in der Zwischenzeit viel, an dem man sich freuen kann.

Malvenfarbene Kornraden *(Agrostemma githago)* und Klatschmohn *(Papaver rhoeas)* säumen hier mit zahllosen Blüten einen gemähten Weg. Beide Pflanzen sind einjährig und müssen daher jedes Jahr neu gesät werden. Zwischen ihnen wächst die kleine gelbe Fuchsbohne *(Thermopsis)*, eine Staude, die jedes Jahr wiederkommt.

Vorbereitung des Gartens

Wenn man im Garten Wildblumenbiotope anlegt, ist die wichtigste Arbeit, die früher als »Unkraut« bezeichnete Spontanvegetation unter Kontrolle zu bekommen. Es gibt viele im Garten unwillkommene Pflanzen, die so wuchsfreudig sind oder sich so rasch vermehren, daß sie die Kultur der ausgewählten Wildblumen schwierig machen. Zu ihnen gehören beispielsweise verschiedene Grasarten, die um sich herum alles ersticken – eine davon ist das in der Landwirtschaft vielverwendete Deutsche Weidelgras (Sorten von *Lolium perenne*), das man auch häufig in Rasenmischungen für den Garten findet. Weitere bekannte Pflanzen sind Ampfer *(Rumex)*, Brennessel *(Urtica dioica)* und Weißer Gänsefuß *(Chenopodium album)*. Diese robusten Wildkräuter besitzen die erstaunliche Fähigkeit, als Samen oder Wurzelstücke im Boden abwarten zu können, bis sie eine Chance bekommen. Die Vernichtung aller Wildkräuter ist bei der Anlage eines Wildblumengartens eine Arbeit, die niemals im Schnellverfahren durchgeführt werden kann und große Geduld erfordert. Es kostet schon Zeit genug, eine konventionelle Gartenrabatte oder ein Kohlbeet zu jäten, aber unvergleichbar komplizierter ist es, Wildkräuter aus einer Wiese zu entfernen – ich weiß, wovon ich rede, denn ich habe es schon getan!

Wenn die Fläche, die Sie bepflanzen werden, bisher sachgemäß kultiviert wurde, sollten Wildkräuter kein ernstliches Problem sein. In diesem Fall muß man die obere Erdschicht nur wenden und zum Pflanzen oder Säen vorbereiten (siehe Seite 76–83). Rasenflächen, die in eine Wildblumenwiese umgewandelt werden sollen, muß man jedoch mit Vorsicht behandeln, da sie möglicherweise mit viel Weidelgras durchsetzt sind. Sie können die Rasengräser mit dem Spaten abschälen und kompostieren. Anschließend läßt man den Boden einige Wochen brachliegen, um festzustellen, ob noch tiefliegende Ausläufer vorhanden sind, aus denen Gräser nachwachsen. Ist dies der Fall, müssen Sie die Fläche umgraben, um sämtliche Graswurzeln zu entfernen.

Flächen, die mit unerwünschten Pflanzen bedeckt sind, müssen natürlich vollkommen gesäubert werden. Ein gewisses Problem stellen halbwilde Flächen dar, die man verschönern oder durch weitere Wildblumen ergänzen will. Vielleicht besitzen Sie eine recht vernachlässigte Wiese, die Sie sich als wunderschöne Wildblumenwiese vorstellen. Sollen Sie nun einzelne Stellen säubern und dort neue Wildblumen einsäen oder lieber ganz von vorn beginnen? Diese Frage stellt sich oft, denn viele Gärtner möchten Wildblumen in Bereichen ziehen, die schon halbwild sind. Häufig findet man dort eine Mischung aus hübschen Gräsern und Wildblumen, aber auch unerwünschte Wildkräuter (siehe Seite 72). Es mag Stellen geben, an denen einige der Wildblumen gedeihen, die man gern ansiedeln möchte, doch an anderen Plätzen wieder wachsen vielleicht Disteln und Nesseln oder nichts anderes als grobe Weidegräser.

An einem solchen Platz kann man auf zwei verschiedene Weisen vorgehen. Bei der einen entfernt man alles gründlich und beginnt ganz von vorn, bei der anderen versucht man das zu verschönern, was vorhanden ist. Beide Vorgehensweisen bergen potentielle Gefahren. Zuerst einmal müssen Sie aber feststellen, welche Pflanzen unerwünscht sind und in welchen Mengen sie wachsen beziehungsweise welche Wildblumen sich bereits angesiedelt haben und ob sich darunter Arten befinden, die für Ihre Gegend untypisch sind. Zu den Freuden, aber auch Herausforderungen der Wildblumengärtnerei gehört ihr experimenteller Charakter, der aber zu viele Variable oder Unbekannte beinhaltet, um feste Regeln aufstellen zu können. Doch nach Bewertung der Situation ziehen Sie es möglicherweise ohnehin vor, sich nicht festzulegen und mit verschiedenen Flächen unterschiedlich zu verfahren.

Vorhandenes neu gestalten

Wenn sich in Ihrem Garten bereits eine ganze Reihe schöner Wildblumen befindet, ist dies vermutlich ein Zeichen dafür, daß unerwünschte Wildkräuter kein Problem darstellen. Deshalb wäre es unnötig, den Boden vollständig zu säubern. Ist aber reichlich Spontanvegetation vorhanden und Sie entscheiden sich – aus welchem Grund auch immer – dennoch dagegen, ganz von vorn zu beginnen, werden Sie sich wohl einige Zeit auf das selektive Ausmerzen unerwünschter Pflanzen einstellen müssen (siehe Seite 72–73).

Um Vorhandenes zu verschönern, gibt es mehrere Möglichkeiten. Zuerst einmal muß man alle mehrjährigen Wildkräuter vernichten, indem man sie von Hand ausgräbt oder andere gezielte Methoden anwendet (siehe Seite 73). Nach meiner Erfahrung erleichtern die meisten Wildkräuter diese Arbeit dadurch, daß sie in Gruppen wachsen, statt sich gleichmäßig zu verteilen. Vielleicht säubern Sie deshalb zum Einsäen oder Bepflanzen zuerst kleine Flächen, von denen aus sich die Wildblumen dann ausbreiten. Eine rigorosere Methode besteht darin, sämtliche Pflanzen kurz abzumähen und den Boden zu fräsen (siehe Seite 72). Allerdings eignet sich diese Maßnahme nicht unbedingt für Flächen, auf denen viele ausdauernde Wildkräuter oder Weidelgras wachsen. Danach kann man Wildblumen einsäen, die sich mit den noch vorhandenen Pflanzen vermischen, während diese sich regenerieren. Die Vorgehensweise birgt aber die Gefahr, daß die Hauptnutznießer die wuchsfreudigsten unter den schon angesiedelten Arten sein werden.

Neuanfang

Wenn es auf Ihrem Grundstück keine Wildblumen gibt – und vor allem, wenn dort viele unerwünschte Pflanzen wie Weidelgras wachsen –, müssen Sie wahrscheinlich radikalere Maßnahmen ergreifen. Der Vorteil dabei ist, daß Sie anschließend mit einer sauberen Fläche beginnen können. Allerdings besteht auch die Möglichkeit, daß Sie nach halbgetaner Arbeit auf andere Hindernisse stoßen, denn nachdem das natürliche Gleichgewicht gestört wurde, können neue Probleme auftreten, und vielleicht werden Sie sogar wünschen, Sie hätten nie mit der Säuberung des Gartens begonnen. Ich denke dabei vor allem an das massenhafte Keimen von Wildkrautsamen, die bisher im Boden geruht haben, wo sie keinerlei Schaden anrichten konnten, sowie an besonders robuste Arten, die mitunter jede Methode überleben und vollkommen außer Kontrolle geraten können, wenn ihre Konkurrenten zerstört oder entfernt wurden.

Das Problem der Keimung ruhender Samen kann gelöst werden, indem man den Boden nach dem Umgraben brachliegen läßt und alle neuen Pflanzen, die erscheinen, ausmerzt. Wenn man nicht pflanzen, sondern säen will, genügt – vor allem auf großen Flächen, auf denen nur vereinzelt einjährige Wildkräuter wachsen – eine einmalige oberflächliche Bearbeitung. Ausdauernde Spontanvegetation kann man notfalls auch mit einem regional zugelassenen Herbizid (siehe Seite 73) bekämpfen und anschließend – falls nichts Gegenteiliges auf der Gebrauchsanweisung angegeben ist – die Erde nur wenige Zentimeter tief fräsen oder umgraben. Die in der Deckschicht enthaltenen Unkrautsamen werden danach aufgehen, der Rest ruht jedoch weiter im Boden. Nachdem man die unerwünschten Sämlinge zerstört oder herausgehackt hat, kann die Aussaat erfolgen. Eine weitere, jeder anderen Methode mit Herbiziden vorzuziehende Möglichkeit ist, den Boden über eine Wachstumsperiode hinweg mit schwarzer Folie (sie-

he Seite 72) abzudecken. Im folgenden Jahr können dann Bodenbearbeitung und Aussaat erfolgen.

Das zweite Problem ist die besondere Hartnäckigkeit einiger sich selbst einstellender Pflanzen wie Ackerschachtelhalm *(Equisetum arvense)*. Am besten sieht man es realistisch und akzeptiert einfach, daß immer irgendwo Schachtelhalm wächst, denn wenn man versucht, ihn auszugraben, teilt man dadurch nur sein ausgedehntes Wurzelsystem und regt das Wachstum vieler neuer Pflanzen an. Dies weiß ich aus eigener, leidvoller Erfahrung.

In diesem vernachlässigten Garten wachsen verwilderte Gartenpflanzen, Spontanvegetation und Wildblumen durcheinander. Was entfernt und was erhalten werden soll, gehört zu den ersten wichtigen Entscheidungen des Gärtners.

Flächen von Spontanvegetation befreien

Es gibt eine Vielzahl von Methoden, um Bodenflächen von unerwünschten Pflanzen zu befreien. Ein leider immer noch häufig angewandtes Verfahren ist die Verwendung von Herbiziden, die im allgemeinen sehr wirksam sind, obwohl sie im Boden ruhende Samen nicht zerstören. Biogärtner aber bedienen sich einer Reihe anderer Methoden (siehe unten), die längerfristig ebenso wirksam sein können und bevorzugt in Betracht gezogen werden sollten. Bis zu einem gewissen Grad bestimmen die vorhandenen Wildkräuter oder Gräser, welche Technik am geeignetsten ist. Ausdauernde Pflanzen haben tiefgehende Wurzeln oder verzweigte waagrechte Wurzelsysteme, die sich nur schwer entfernen lassen. Einjährige Stauden wie Gänsefuß (*Chenopodium*), Sternmiere (*Stellaria*) oder Garten-Wolfsmilch (*Euphorbia peplus*) sind als Wildkräuter nicht so schlimm wie ihr Ruf. Sie wachsen auf nacktem Boden zwar sehr schnell, können aber, da sie flach wurzeln, leicht ausgehackt werden, was man auch gleich nach ihrem Erscheinen tun sollte, damit sie sich nicht aussamen und erneut keimen können.

Umgraben Die älteste und vielleicht auch gründlichste Methode ist einfach das Umgraben des Bodens, wobei man unliebsame Pflanzen mitsamt ihren Wurzeln entfernt. Spatenstichtiefe reicht aus, um die meisten ausgraben zu können. Bei tiefer wurzelnden Arten muß man die Wurzeln im Boden verfolgen, um sie vollständig entfernen zu können. Dies ist oft sehr zeitraubend und nur begrenzt wirksam, da es unmöglich ist, sämtliche Wurzelstückchen zu finden, insbesondere die von Quecken (*Agropyron repens*) und einigen tiefwurzelnden Kräutern wie Ackerwinden (*Convolvulus*).

Man kann mehrmals umgraben, wobei zwischendurch die Fläche einige Zeit brachliegen sollte, damit noch im Boden verbliebene Wurzeln wieder austreiben und Samen keimen können, die dann ausgegraben beziehungsweise herausgehackt werden. Obwohl etwas zeitaufwendig, ist dies ganz sicher eine umweltverträgliche Methode. Wenn man aber eine sehr große Fläche hat oder rascher zum Ziel kommen will, sind die folgenden Methoden wohl realistischer.

Fräsen Bearbeitet man den Boden mit einer Motorfräse, werden die Pflanzen zwar zerhackt, die Wurzelstücke aber, die erneut austreiben können, bleiben immer zurück. Deshalb muß während einer Wachstumsperiode mehrmals gefräst werden, um hartnäckige Arten wie Quecke und Ampfer wirksam zu bekämpfen. Man kann Motorfräsen mieten. Meiner Ansicht nach sind sie jedoch schwer und kompliziert zu handhaben, und während sie zum Entfernen harmloserer Wildkräuter und zur Bearbeitung des bereits gejäteten Bodens vor der Aussaat zweifellos nützlich sind, ist ihr Einsatz zur Bekämpfung von problematischen Pflanzen sicher nicht optimal. Außerdem können sie die Bodenstruktur schädigen, insbesondere bei schwereren Böden.

Hacken Mit dieser Methode kann man den Boden gut von unerwünschten einjährigen Wildkräutern oder deren Sämlingen befreien. Befinden sich aber viele Samen im Boden, muß man im Lauf einer Wachstumsperiode immer wieder hacken, sobald die neuaufgegangenen Sämlinge einige Zentimeter hoch sind. Irgendwann sind dann keine Wildkrautsamen mehr in der oberen Erdschicht. Achten Sie aber darauf, daß Sie nur diese Schicht bearbeiten, wenn Sie den Boden zum Säen oder Pflanzen vorbereiten (siehe Seite 76).

Schwarze Folie Das Abdecken mit Folie wirkt bei ausdauernder Spontanvegetation Wunder. Zu Frühjahrsbeginn, noch bevor die Wachstumsperiode richtig beginnt, wird auf dem Boden dicke schwarze Folie ausgerollt und an den Rändern beschwert. Zwar werden unter ihr Wildkräuter keimen, aber da sie kein Licht bekommen, gehen sie ein, und im Herbst ist der Boden gewöhnlich frei von ihnen. Die Folie muß so befestigt werden, daß sie bei windigem Wetter nicht davongeweht wird. Die einzige Pflanze, die diese Behandlung überlebt, ist der Schachtelhalm, der über zwei Wachstumsperioden hinweg abgedeckt werden muß. Wildkräutersamen bleiben unter der Folie keimfähig, aber da sie hauptsächlich von einjährigen flachwurzelnden Pflanzen stammen, sind sie kein so großes Problem. Schwarze Folie ist relativ preisgünstig, kann allerdings nicht wiederverwendet werden, falls sie sehr viele Löcher oder Risse hat. Dann muß sie fachgerecht entsorgt werden (z. B. im Gelben Sack), auf keinen Fall aber darf sie verbrannt werden oder auf eine Mülldeponie gelangen.

Sonnenwärme Die folgende Methode ist eine Variante der oben beschriebenen, die sich am besten für warme Gegenden eignet. Man gräbt hier nach dem Ausrollen die Ränder der Folie ein, so daß keine Luft darunter gelangen kann. Die Sonnenwärme wird dabei unter der Folie gespeichert und die obere Bodenschicht wirkungsvoll sterilisiert. Ein

Cirsium (Kratzdistel) Ausgraben hilft nur bedingt; wirksam ist das Abdecken mit schwarzer Folie.

Equisetum (Schachtelhalm) Überlegen Sie, ob Sie mit ihm leben können. Wenn nicht, zwei Jahre mit Folie bekämpfen.

Rumex (Ampfer) Ampfer hat eine Pfahlwurzel und wird am besten ausgegraben. (siehe auch Seite 73).

Urtica dioica (Brennessel) Brennesseln lassen sich durch Ausgraben oder schwarze Folie ausrotten. Eine kleine Fläche ist jedoch für heimische Schmetterlinge nützlich.

schneller Prozeß, der im Hochsommer nur sechs Wochen dauert. Einzelne Wildkräuter mit tiefgehenden Pfahlwurzeln können trotzdem überleben.

Herbizide Ihr Einsatz ist zwar am einfachsten, doch nicht jeder Gärtner möchte sie anwenden. In jedem Fall muß man sich von landwirtschaftlichen Informationsstellen oder anderen Fachleuten beraten lassen, welche Mittel überhaupt zugelassen und geeignet sind und notfalls verwendet werden können. Die Bestimmungen sind je nach Bundesland verschieden (die dafür zuständige Behörde ist die Biologische Bundesanstalt für Land- und Forstwirtschaft, Messeweg 11–12, 38104 Braunschweig). Fast alle Herbizide lassen schädliche Rückstände zurück, vergiften Mikroorganismen und wirbellose Tiere. Es gibt zwar einige relativ unbedenkliche Mittel, deren Wirkstoffe im Boden abgebaut werden, häufig aber nicht im Wasser. Also immer Vorsicht bei der Anwendung in der Nähe offener Gewässer. Herbizide werden von einigen Pflanzen über das Wurzelsystem aufgenommen, von anderen über das Laub. Bei Gräsern mit Ausläufern wie die der Quecke *(Agropyron repens)* oder bei Ampfer und vielen anderen ausdauernden Wildkräutern sind diese Herbizide dennoch nur bedingt wirksam. Auch Brennesseln *(Urtica dioica)* und mancher Kratzdisteln *(Cirsium)* kann man damit nicht Herr werden. Da herbizidresistente Pflanzen sehr häufig lokal begrenzt wachsen, kann man sie aber mit anderen Mitteln bekämpfen, etwa durch wiederholtes Umgraben oder schwarze Folie, auch wenn dies länger dauert.

Beim Ausbringen von Herbiziden jeglicher Art sollte man Schutzkleidung wie Gummihandschuhe und Stiefel tragen und diese anschließend abwaschen. Achten Sie darauf, daß kein Spritzmittel auf angrenzende Gartenbereiche, in Nachbargärten oder auf offenes Wasser treibt. Voraussetzung ist selbstverständlich, daß man nur unter möglichst windstillen Bedingungen spritzt. Lesen Sie stets die Gebrauchsanweisung sorgfältig durch, und halten Sie sich genau an die angegebenen Mengen und Spritzzeiten.

Selbst unter Wildblumengärtnern gelten manche Pflanzenarten als »Unkräuter«. Ampfer *(Rumex)*, Kratzdisteln *(Cirsium)* und Jakobskraut *(Senecio jacobaea)* sind wuchsfreudige Pflanzen, die das Ansiedeln von reizvolleren Wildblumen schwierig machen.

Gezielte Wildkrautbekämpfung

Besonders hartnäckige ausdauernde Wildkräuter und kleine Flächen mit einjährigen Wildkräutern können notfalls auch gezielt mit einem regional zugelassenen Herbizid behandelt werden. Die sie umgebenden Gräser und Wildblumen werden die abgestorbenen Pflanzen bald überdecken. Wo Wildkräuter zwischen erhaltenswerten Pflanzen wachsen, muß man besonders aufpassen, daß beim Aufbringen von Herbiziden kein Wind weht. Die Spritzdüse so dicht wie möglich an das Unkraut halten und bei der Arbeit auf Tropfen achten.

Eine Möglichkeit ist, das Mittel durch eine leere Kunststoffflasche zu spritzen, deren Boden herausgeschnitten wurde.

Oder man trägt eine Mischung aus Herbizid und Tapetenkleister mit einem Pinsel auf, damit das Mittel nicht auf falsche Pflanzen gelangt.

Bodenfruchtbarkeit

In einem traditionellen Garten wird möglicherweise viel Zeit und Geld investiert, um den Boden durch Substrate, diverse Mittel zur Bodenverbesserung und Dünger zu verändern. Im Wildblumengarten hingegen sollte der Gärtner mit der Natur arbeiten und seine Pflanzen dem Boden und dem Standort entsprechend auswählen.

Es mag vielleicht paradox klingen, doch für die Wildblumengärtnerei sind verhältnismäßig unfruchtbare Böden oft geeigneter als nährstoffreiche. Auf einem fruchtbaren Boden gedeihen keineswegs alle Pflanzen besser. Vielmehr verschafft er den Pflanzen Vorteil, die die zusätzlichen Nährstoffe am effektivsten nutzen können. Dies bedeutet, daß rasch wachsende Gräser wie Wiesen-Knäuelgras *(Dactylis glomerata)* und wuchsfreudige Wildblumen wie Schafgarbe *(Achillea millefolium)* oder Wiesenmargeriten *(Chrysanthemum leucanthemum)* gut gedeihen, während die zarteren Arten einfach erstickt werden. Daher findet man die vielfältigsten oder interessantesten Wildblumengemeinschaften häufig auf den ärmsten Böden, etwa jenen dünnen, die man gewöhnlich im Kalk- oder Kreidehügelland (siehe Seite 49) antrifft.

Während auf mageren Böden wuchsfreudige Gräser nicht zu empfehlen sind, sind kräftigere Wildblumen wie die Wiesenmargerite auf Böden mit geringem Nährstoffgehalt gewöhnlich kontrollierbar und können zusammen mit zarten Arten wie der Rundblättrigen Glockenblume *(Campanula rotundifolia)* gedeihen. Wer eine bunte Mischung aus Wildblumen ziehen möchte, insbesondere auf Flächen, auf denen starke Konkurrenz herrscht wie auf einer Wiese, für den ist geringe Bodenfruchtbarkeit ein eindeutiger Vorteil. Damit die Fruchtbarkeit gering bleibt, muß man nach dem Mähen von Wiesen oder Wildblumenrasen das Schnittgut entfernen. Auch sollte man keinerlei Dünger oder Kompost ausbringen, sofern es sich bei dem Boden nicht gerade um reinen Sand handelt.

Reduzierung der Bodenfruchtbarkeit

Wenn Sie befürchten, daß unerwünschte Vegetation ein Problem sein könnte, oder der Boden von Natur aus sehr fruchtbar ist, sollten Sie möglicherweise in Betracht ziehen, die Bodenfruchtbarkeit zu verringern – womit Sie genau das Gegenteil von dem tun, was andere Gärtner gewöhnlich anstreben. Außer dem Entfernen der fruchtbaren oberen Bodenschicht – des Mutterbodens – gibt es dafür, wie unten gezeigt, mehrere Möglichkeiten.

Gründüngerpflanzen Hier bedient man sich der Abwandlung einer Methode, die im biologischen Gartenbau benutzt wird, um die Bodenfruchtbarkeit zu erhöhen. Man sät im Frühjar schnell wachsende, blattreiche Pflanzen, die viel Stickstoff brauchen, und mäht sie im ausgewachsenen Zustand, das heißt, kurz vor der Samenreife. Während sie der konventionelle Gärtner unterpflügen würde, damit sie verrotten, entfernt der Wildblumengärtner sie zusammen mit den Nährstoffen, die sie aufgenom-

Mutterboden entfernen

Wer über entsprechende Geräte oder genügend Kraft verfügt, kann, wie hier gezeigt, die Bodenfruchtbarkeit verringern: Entweder man entfernt den gesamten Mutterboden, indem man diese dunklere, krümeligere Erdschicht, die sich durch Farbe und Struktur vom Unterboden unterscheidet, ganz abhebt, oder man trägt einfach eine 10–20 cm dicke Schicht ab, wodurch die meisten Nährstoffe wie auch Unkrautsamen entfernt werden. Den Mutterboden kann man natürlich anderswo im Garten für Blumenbeete oder Rabatten verwenden.

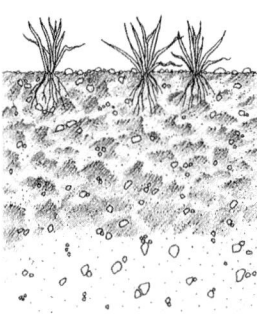

Auf fruchtbarem Mutterboden wachsen Pflanzen sehr kräftig.

Durch Abtragen der Deckschicht entfernt man auch Wildkrautsamen. Zurück bleibt ein magerer Boden, der sich für Wildblumen besser eignet.

Wiesenmargerite *(Chrysanthemum leucanthemum)* und Schafgarbe *(Achillea millefolium)* sind zwei besonders kräftige Wildblumen, die sich auf fruchtbarem Boden gut gegen Gräser durchsetzen können.

men haben. Sie können kompostiert und im übrigen Garten verwendet oder anderen Gärtnern überlassen werden. Die beste Gründüngerpflanze für kühlere Regionen ist Raps.

Holzmulch Durch Untergraben von unkompostiertem Holz- oder Rindenmulch, Sägemehl oder Zeitungen kann man die Bodenfruchtbarkeit für zwei bis drei Jahre senken. Bei dem Verrottungsprozeß zersetzen Bakterien in dem organischen Material den vorhandenen Kohlenstoff, wobei sie Stickstoff verbrauchen. Je mehr Kohlenstoff das Material im Verhältnis zu Stickstoff enthält, desto größere Mengen Stickstoff werden der umliegenden Erde entzogen.

Normalerweise ist der Gärtner bemüht, in seinen Komposthaufen einen hohen Anteil an Stickstoff einzubringen, damit das Material möglichst schnell verrottet. Für ihn sind Holzabfälle, die viel Kohlenstoff und wenig Stickstoff enthalten, überhaupt nicht wünschenswert, da sie den Komposthaufen des Stickstoffs berauben, und wenn man sie in den Garten bringt, entziehen sie auch dem Boden über Jahre Stickstoff. Doch genau das will der Wildblumengärtner – er will, daß Stickstoff gebunden wird, so daß er wuchsfreudigen Gräsern und Wildkräutern nicht mehr zur Verfügung steht.

Robuste Wildblumen für fruchtbare Böden

Wenn es Ihnen widerstrebt, die Fruchtbarkeit Ihres Lehmbodens zu reduzieren, können Sie ausschließlich kräftige Wildblumen ziehen, die sich gegen unerwünschte Pflanzen durchsetzen (siehe rechts). Auch ist es mitunter schwierig, in bestimmten Bereichen Wildblumen anzusiedeln, etwa in unzugänglichen Ecken oder an steilen Böschungen, wo die Gartenarbeit unmöglich oder gefährlich ist. Oder es gibt eine Fläche, die, sosehr Sie sich auch bemühen, immer wieder von robusten Gräsern erobert wird. Doch all diese Probleme können Sie lösen, wenn Sie kräftige Wildblumen ziehen, die in solchen Situationen gedeihen. Oft sind es diejenigen, die man in anderen Bereichen des Wildblumengartens nicht gerne in zu großer Zahl sieht, doch selbst wenn es ihnen vielleicht an Anmut fehlt, sind sie nie reizlos und bringen während des Sommers vor allem Farbe in den Garten. Die hier aufgeführten Pflanzen sind die robustesten Wildblumen, doch auch alle anderen, von denen es heißt, sie seien »invasiv« oder »nicht auszurotten«, können in solchen Situationen nützlich sein. Diese Pflanzungen müssen nur gelegentlich geschnitten werden, vielleicht sogar nur einmal pro Jahr im Herbst, es sei denn, die Konkurrenz durch Wildkräuter ist sehr groß (siehe Seite 87).

(siehe Seite 87)

ROBUSTE WILDBLUMEN

Achillea millefolium
Anpassungsfähige weiße Sommerblume; H und B: 30–60 cm.

Chrysanthemum leucanthemum
Öffnet im Hochsommer zahlreiche weiße Blüten mit gelben Mitten und breitet sich gut aus; H: 45–90 cm; B: 60–90 cm.

Chrysanthemum vulgare
Trägt im Sommer hübsche gelbe Knopfblüten; H: 90–200 cm; B: 90 cm.

Daucus carota
Weiße, sich üppig aussamende Sommerblume; H: 45–60 cm; B: 30 cm.

Eupatorium fistulosum
Hält Wildkräuter allein durch seine Größe ab und blüht im Spätsommer blaßrosa; H: 2 m; B: 45 cm.

Geranium ›Claridge Druce‹
Trägt leuchtendrosa Hochsommerblüten; H: 60 cm; B: 90 cm.

Prunella vulgaris
Purpurfarbene Sommerblume; H und B: 20–30 cm.

Saponaria officinalis
Trägt im Sommer wunderhübsche blaßrosa Blüten und breitet sich stark aus; H und B: 1 m.

Solidago-Arten
Wuchsfreudige Pflanzen, die im Spätsommer gelb blühen; H: 90–200 cm; B: 90 cm.

Eine Wiese anlegen

Auf großen Flächen lassen sich Wildblumenwiesen nicht nur am einfachsten, sondern auch am preiswertesten anlegen, wenn man direkt eine Saatmischung einsät. Je kleiner die Flächen aber sind, desto eher kommt auch Einpflanzen in Betracht (siehe Seite 82). Ein Problem beim Einsäen ist die Zeit, die vergeht, bis man Ergebnisse sieht. Viele Wildblumen brauchen lange, um zu keimen und Blühgröße zu erreichen. Dies bedeutet auch, daß letztendlich eine solche Pflanzengemeinschaft von den wuchsfreudigeren Arten dominiert werden kann. Für viele Gärtner ist es vielleicht eine Alternative, den größten Teil ihrer Wildblumen und Gräser einzusäen und nur Bereiche in unmittelbarer Sichtweite zu bepflanzen.

Saatmischungen

Heute bietet der Handel fertige Saatmischungen für Wiesen an, die eine Auswahl von Gras- und Wildblumenarten enthalten und direkt eingesät werden können. Dies erweckt jedoch möglicherweise den Eindruck, daß die Anlage einer Wiese ebenso einfach ist wie die eines Rasens – tatsächlich dauert sie aber erheblich länger, und es kann dabei mehr schiefgehen.

Beim Kauf von Wildblumen-Saatmischungen sollte man sorgfältig darauf achten, welche Arten sie enthalten. Einige Wiesenmischungen sind wirklich nur »Neun-Tage-Wunder« und bestehen hauptsächlich aus schnellwüchsigen, preiswerten und farbenfrohen Einjahresblumen wie Klatschmohn (*Papaver*

EINE SPÄTSOMMERWIESE

1 *Cardamine pratensis* (Wiesenschaumkraut)
2 *Bellis perennis* (Gänseblümchen)
3 *Fritillaria meleagris* (Schachbrettblume)
4 *Hyacinthoides* (syn. *Scilla) non-scripta* (Hasenglöckchen)
5 *Lamiastrum galeobdolon* (Goldnessel)
6 *Lamium album* (Weiße Taubnessel)

7 *Lychnis flos-cuculi* (Kukucksblume)
8 *Primula veris* (Schlüsselblume)
9 *Ranunculus acris* (Butterblume)
10 *Silene dioica* (Rote Lichtnelke)
11 *Stellaria holostea* und *S. graminea* (Sternmiere)
12 *Taraxacum officinale* (Löwenzahn)

LINKS Eine Fülle bunter Ackerwildblumen, darunter malvenfarbene Kornraden *(Agrostemma githago)*, roter Klatschmohn *(Papaver rhoeas)*, gelbe Saat-Wucherblumen *(Chrysanthemum segetum)* und blaue Kornblumen *(Centaurea cyanus)*. In dieser Dichte und Kombination sind Ackerwildblumen in freier Natur nicht anzutreffen, aber leicht in Gärten anzusiedeln, wo sie einen faszinierenden Blickfang bilden.

rhoeas). Für manche Zwecke eignen sie sich sicher gut, generell aber enthalten sie nicht genügend zuverlässige Stauden, um über das erste Jahr hinaus für Farbe zu sorgen oder die Basis für eine stabile Pflanzengemeinschaft zu bilden. Andere Saatmischungen wieder enthalten zu viele robuste, wuchsfreudige Arten, die die schwächeren leicht verdrängen können. Auch diese Pflanzen haben zweifellos ihren Platz – etwa auf fruchtbaren oder nassen Böden, auf denen Pflanzen üppiger gedeihen als auf mageren und trockeneren Böden, oder in Problembereichen, wo nur kräftige Pflanzen überleben. Trotzdem, sie können auch zuviel des Guten sein. Man sollte sich vor dem Kauf auf jeden Fall Zeit lassen, Versandkataloge anfordern und sich zu Hause in Ruhe damit beschäftigen. Und schlagen Sie die in sämtlichen Mischungen enthaltenen Arten in einem Pflanzenführer nach, damit Sie genau wissen, was Sie kaufen.

Möglicherweise ziehen Sie es vor, eine eigene Mischung zusammenzustellen, die all jene Wildblumen enthält, die Sie unter den für die vorhandenen Wachstumsbedingungen geeigneten am liebsten mögen und die vielleicht sogar in Ihrer Gegend heimisch sind. Dazu bestellen Sie ganz einfach von jeder einzelnen Art Samen und säen diese zusammen mit einer geeigneten Grasmischung ein. Für Wiesen und andere offene Bereiche sollte der Anteil an Gräsern etwa 60–80 Prozent betragen. Wo nur eine kleine Fläche zur Verfügung steht, wünscht man sich vielleicht mehr Farbe, also mehr Blumen und

weniger Gras. In diesem Fall kann man den Anteil an Wildblumensamen erhöhen oder sogar ganz auf Gräser verzichten. Die meisten Samenfirmen geben an, in welchen Mengen man die einzelnen Arten am besten verwendet. Grasmischungen sollten niemals Weidelgras *(Lolium perenne)* oder andere in der Landwirtschaft genutzte, wuchsfreudige Gräser wie Wiesenlieschgras *(Phleum pratense)* oder Wiesenknäuelgras *(Dactylis glomerata)* enthalten.

Wenn Sie Schwierigkeiten haben, Samen von Wildblumen zu bekommen, die für Ihre Gegend typisch sind, können Sie die Samen auch in freier Natur sammeln (siehe Seite 96), was aber zeitraubend sein kann. Eine bessere Lösung ist vielleicht die Verwendung von Wiesenheu. Frisches und vor allem grünes Schnittgut von einer blumenreichen Wiese enthält große Mengen Gras-, und Blumensamen. Man streut es einfach auf die für die Aussaat vorbereitete Fläche (siehe Seite 78) und drückt es an. Während das Schnittgut verrottet, fallen die Samen heraus und beginnen zu keimen. Auf diese Weise entsteht zwar keine exakte Kopie der Wiese, von der das Schnittgut stammt, und Pflanzenarten mit zahlreichen Samen werden vermutlich überrepräsentiert sein, aber es ist ein Anfang gemacht. In einigen Ländern, wie etwa Großbritannien, werden heute in Naturschutzgebieten – an Orten mit einem besonderen Reichtum an Wildblumen – mit speziellen Erntemaschinen Wiesenblumensamen gesammelt, die große Samenfirmen vertreiben.

Aussaat im Freiland

Gartenarbeit kann mit dem Streichen eines Zimmers verglichen werden, wobei die eigentliche Arbeit weniger das Streichen selbst, als vielmehr die Vorarbeiten sind. Dies gilt ganz besonders für die Vorbereitung einer geeigneten Aussaatfläche, auf der man optimale Bedingungen schaffen muß, damit die Samen aufgehen und möglichst wenig mit Spontanvegetation konkurrieren müssen. Die Bekämpfung unerwünschter Pflanzen (siehe Seite 72) ist in Bereichen, die eingesät werden sollen, besonders wichtig, denn viele der Wildkräuterwurzeln sind gegenüber sich entwickelnden Samen im Vorteil, und die Samen bodenständiger Vegetation gehen gewöhnlich rascher auf als die der gewünschten Wildblumen.

Die optimale Aussaatzeit hängt vom lokalen Klima ab. In Gegenden mit kalten Wintern sollte nur im Frühjahr gesät werden. Wo die Sommer heiß und trocken sind, wird am besten im Herbst gesät, damit die Sämlinge während der kühleren Wintermonate kräftig wachsen und der Trockenheit des Sommers standhalten können.

Gemüsegärtner kennen vermutlich die sprichwörtlich feine Krume, die für die Keimung von Samen optimal ist. Im Wildblumengarten muß der Boden jedoch nicht so fein gekrümelt sein wie im Gemüseanbau. Auf großen Flächen wäre diese Arbeit ohnehin mühevoll und zeitraubend. Dennoch muß man die Erde ziemlich gut zerkleinern, um ein Saatbett zu erhalten, in dem Samen keimen und zarte Sämlinge sich entwickeln können. In kleinem Maßstab kann die Oberfläche mit Gabel und Harke auf die gleiche Weise vorbereitet werden wie bei der Anlage eines Rasens. Größere Flächen aber müssen gefräst (siehe Seite 72) und gewalzt werden. Einige Fachleute empfehlen, auf großen Flächen den Boden nur oberflächlich zu bearbeiten, also nur die oberen 5 cm zu fräsen. Zweifellos ist dies eine einfachere Methode, um eine gute Krume herzustellen, und darüber hinaus werden dabei weniger Unkrautsamen nach oben gebracht.

Breitwürfige Aussaat

Es ist gar nicht so leicht, Samen gleichmäßig zu verteilen, und möglicherweise empfiehlt es sich, zunächst einmal mit Sand zu üben. Man unterteilt die einzusäende Fläche in kleinere Bereiche und portioniert die Samen, um eine gleichmäßige Verteilung zu gewährleisten. Wer schon häufiger Rasen eingesät hat, muß darauf achten, daß er für eine Wildblumenwiese dünner sät. Die erforderliche Saatgutmenge ist je nach Mischung unterschiedlich und im allgemeinen in der Gebrauchsanweisung angegeben. Gewöhnlich benötigt man von Gras-Blumen-Mischungen pro Quadratmeter etwa 3–5 g, wo vorhandene Grasflächen durch Wildblumen ergänzt werden sollen, nimmt man 1–2 g Blumensamen. Man kann spezielle natürliche Bedingungen ausnutzen, indem man für Arten mit besonderen Ansprüchen die besten Plätze sucht. So wachsen etwa Feuchtgebietspflanzen wie Schaumkraut *(Cardamine)* und Vernonia gut in Senken und trockenheitstolerante Arten wie Wilde Möhre oder Dost an Hängen mit durchlässiger Erde.

RECHTS Butterblume *(Ranunculus acris)* und Rote Lichtnelke *(Silene dioica)* sind zwei Wildblumen, die sich besonders leicht aus Samen ziehen lassen. Hier wachsen sie neben *Claytonia sibirica,* einer einjährigen Wildblume asiatischer Herkunft, die an feuchten Stellen gedeiht.

Breitwürfige Aussaat

Samen können von Hand ausgesät werden, während man langsam auf und ab schreitet. Oder man benutzt einen Saatroller. Werden die Samen mit Sand gemischt, lassen sie sich gleichmäßiger und dünner verteilen. Nach der ersten Saat erfolgt eine zweite im rechten Winkel zur ersten. Bei einer getrennten Aussaat von Gräsern und Wildblumen können interessante Effekte entstehen, wenn man einige Arten flächig sät. Es ist auch möglich, ganz bestimmte, vom Gärtner bevorzugte Pflanzenarten in kleinen Gruppen (siehe Seite 40) zu säen.

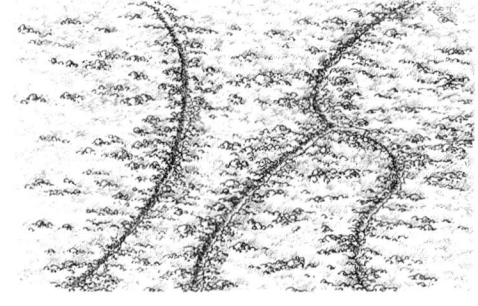

Die Fläche, in die gesät werden soll, mit dem Rükken eines Rechens oder Spatens grob unterteilen.

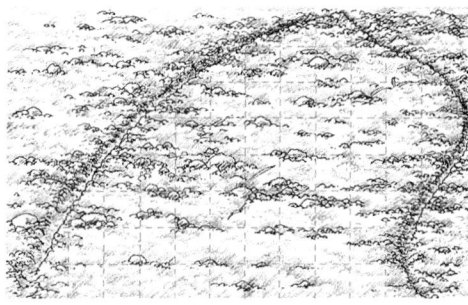

Schreiten Sie auf und ab und säen Sie bei der zweiten Saat im rechten Winkel zur ersten.

Bei Aussaaten kann man die Samen einfach auf die Erde streuen, da aber viele Arten leicht bedeckt besser keimen, sollte man versuchen, eine dünne Schicht Erde auf ihnen zu verteilen. Kleine Flächen kann man behutsam harken, wodurch ein Teil der Samen einige Millimeter tief begraben wird. Auch ein leichtes Festtreten des Bodens fördert die Keimung, da die Samen dadurch besseren Kontakt zur Erde bekommen. Auf größeren Flächen können Sie ein Stück beschwertes Drahtgeflecht über die Erde ziehen, um die Samen zu bedecken. Anschließend walzen Sie den Boden am besten, um die Keimung zu unterstützen.

Keimung

Unmittelbar nach der Aussaat ist zunächst weiter nichts zu tun, als Vögel fernzuhalten. Gewiß möchten Sie später einmal Tiere in den Garten locken, in diesem Stadium aber ist es dafür noch zu früh. Nach ein oder zwei Wochen wird ein zarter Schleier aus Grün sichtbar werden. Das Wunder der Keimung, bei dem Tausende scheinbar trockener kleiner Samen zum Leben erwachen und winzige grüne Blätter entwickeln, ist immer wieder faszinierend. Gräser, Einjahresblumen und einige Stauden keimen rasch, andere Stauden brauchen länger. Viele Pflanzen aus nördlichen Regionen benötigen zum Keimen eine Kälteperiode und erscheinen daher erst nach dem Winter, wenn die Tage wieder wärmer werden.

Verwendung einer Deckfrucht

Die folgende Methode ist eine Möglichkeit, Sämlinge von Wildblumenstauden zu schützen, die den Boden leicht der Erosion preisgeben, weil sie sich oft nur langsam entwickeln. Um dies zu verhindern, wird mit der Wildblumenmischung eine einjährige Pflanze gesät, die im ersten Jahr die freien Flächen bedeckt. Auf mageren Böden kann man ein einjähriges Weidelgras, wie etwa Formen von *Lolium multiflorum,* verwenden, das aber gemäht werden muß, bevor es sich aussamen kann. Für fruchtbare Böden aber ist es zu wuchsfreudig. Die beste Alternative für kleine Gärten sind einige einjährige Blumen, die unter das Saatgut gemischt werden und im ersten Jahr für Farbe sorgen. Im folgenden Jahr ist diese Deckfrucht dann verschwunden, und die ersten Stauden erscheinen an ihrer Stelle. Für die meisten Situationen eignen sich Ackerblumen oder andere kleine, unproblematische Einjahresblumen, die rasch keimen, gut als Deckfrucht (siehe Seite 86).

Rillensaat

Die Fläche aufteilen und die Samen in gleiche Mengen portionieren. Mit dem Rücken einer Hacke oder Harke im Abstand von 30 cm 1 cm tiefe Rillen ziehen. Die Samen dünn hineinstreuen, dann mit der Harke schräg über die Rillen gehen, um sie zu schließen. Anschließend in Trippelschritten über die einzelnen Rillen laufen. Eine in geraden Reihen aufgehende Wiese sieht zunächst seltsam aus, doch die Pflanzen bilden bald eine geschlossene Decke und überziehen die dazwischenliegende nackte Erde.

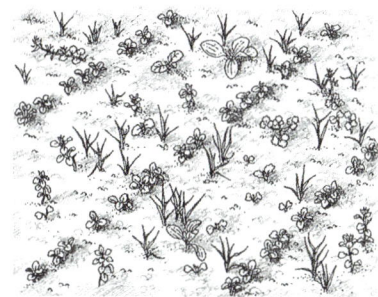

Unerwünschte Vegetation läßt sich in diesem Stadium leicht erkennen und entfernen.

Die Hochsommerwiese

Eine Hochsommerwiese fängt die ganze Atmosphäre einer Sommerlandschaft ein. Da sie nicht höher als 30–45 cm wird, eignet sie sich für die meisten Gärten, wobei großflächige Wiesen allerdings immer am schönsten aussehen. Die hier verwendeten Pflanzen sind für alle durchlässigen Böden zu empfehlen, und viele gedeihen auch gut auf trockenen, mageren Böden. Wiesen sind artenreiche Biotope, und wer sich ein wenig damit beschäftigt, wird bald weitere Wildblumen finden, die zu dieser Jahreszeit wachsen, wie Wiesenmargerite und Schafgarbe.

1 *Stokesia laevis* (Kornblumenaster): 30–45 cm; wird oft als Gartenpflanze gezogen und liebt feuchte, saure Böden.
2 *Filipendula vulgaris* (Kleines Mädesüß): 45 cm; gedeiht am besten auf leichten oder kalkigen Böden.
3 *Heliopsis helianthoides* (Sonnenauge): 1,2–1,8 m; robuste, anpassungsfähige Pflanze, die nicht für trockene Plätze geeignet ist.
4 *Malva moschata* (Moschusmalve): 30–45 cm; gute Bienenweide, die leichte Böden bevorzugt.

1   2   3   4   5   6   7   8

5   *Ranunculus acris* (Butterblume):
20–30 cm; büschelbildende Staude mit gold-gelben Blüten.
6   *Geranium pratense* (Wiesen-Storchschna-bel): 75–90 cm; gedeiht meist gut, muß aber gepflanzt werden.
7   *Centaurea scabiosa* (Skabiosen-Flockenblu-me): 30–75 cm; sieht en masse gepflanzt sehr schön aus; gute Schmetterlingspflanze.
8   *Galium verum* (Echtes Labkraut): breitet sich bis 90 cm weit aus; gedeiht am besten auf leichten Böden.

9   *Trifolium pratense* (Rotklee):
10–20 cm; blüht im Sommer und hat reizvol-les Laub.
10   *Hypericum perforatum* (Johanniskraut): 45–90 cm; alte, vielseitig verwendbare Heil-pflanze.
11   *Knautia arvensis* (Ackerknautie):
30–90 cm; gute Schmetterlingspflanze.
12   *Polemonium caeruleum* (Blaue Jakobsleiter): 60–75 cm; siedelt sich leicht an und breitet sich gut aus.
13   *Coreopsis lanceolata* (Mädchenauge):

30–60 cm; robuste Pflanze, die sich leicht ausbreitet.
14   *Scabiosa columbaria* (Taubenskabiose): 30–45 cm; hat eine lange Blühperiode; bevor-zugt leichte Böden.
15   *Rhinanthus major* (Klappertopf):
20–30 cm; einjähriger, leicht anzusiedelnder Halbschmarotzer, der im Herbst mit Gräsern gesät werden muß.
16   *Vicia cracca* (Vogelwicke): hat bis 2 m lange, kriechende Triebe und hält sich an anderen Pflanzen fest.

In Gras pflanzen

Durch Pflanzen erzielt man zuverlässiger und schneller Ergebnisse als durch Säen, auch wenn es teurer und zeitaufwendiger ist. In einer bereits existierenden Wiese oder Grasfläche hätten Samen vielleicht keine allzu große Chance, dagegen haben bei der Neuanlage einer Wiese gepflanzte Stauden gegenüber aus Samen gezogenen Pflanzen einen Vorsprung von einem Jahr. Außerdem sind manche Wildblumen möglicherweise als Samen ohnehin nur schwer erhältlich.

Flächen, die man neu anlegt, sollten frei von Spontanvegetation sein und am besten umgegraben oder gefräst werden, damit die Wurzeln den Boden besser durchdringen können. Es sollte auch möglich sein, Pflanzen in einen Bereich mit niedrigem Gras, wie etwa einen Wildblumenrasen, zu setzen, ohne daß dort die Konkurrenz durch vorhandene Pflanzen zu groß ist. Doch wer in dichte Vegetation wie eine gedeihende Wiese pflanzt, bringt neue Pflanzen in eine Situation, in der sie großem Wettbewerb ausgesetzt sind. Als erstes muß der Boden rund um den Neuzugang gesäubert werden, um zu verhindern, daß unerwünschte Samen an die Erdoberfläche kommen und aufgehen. An jeder Pflanzstelle wird zunächst mit einer der auf Seite 73 beschriebenen Methoden eine kleine Fläche von Spontanvegetation befreit. Wenn dann nach einigen Wochen Wildkräuter und -gräser eingegangen sind, kann gepflanzt werden.

Bevor man eine Pflanze einsetzt, bearbeitet man mit einer Grabgabel einen Bereich, der etwas breiter und tiefer als der Wurzelballen ist. Bei mageren dünnen Böden streut man etwas Knochenmehl auf den Boden des Pflanzloches, und bei Trockenheit füllt man das Loch anschließend mit Wasser. Die Pflanze sollte die gleiche Pflanztiefe haben wie zuvor. Falls man etwas abgestorbene Grasnarbe entfernt hat, um das Pflanzloch vorzubereiten, muß man sie wieder genau an die ursprüngliche Stelle bringen, um sicherzustellen, daß im Boden ruhende Wildkräutersamen nicht aktiviert werden. Das abgestorbene Gras mag häßlich aussehen, ist aber besser als beispielsweise Ampfer oder Disteln, die die neuen Pflanzen ersticken. Nach einigen Monaten dann ist frisches Gras von den Seiten nachgewachsen.

Manche Stauden nehmen in Gras leicht Schaden, wenn man mit dem Rasenmäher darübergeht, vor allem solche, die über der Erde nur einen Wachstumsknoten oder Trieb haben wie die Akelei. Diese Stauden setzt man in eine kleine Vertiefung, so daß sich die Basis der Pflanze unterhalb der Grashöhe befindet und daher ein wenig vor dem Rasenmäher geschützt ist.

Ein Kompromiß zwischen Aussaat und Einpflanzen ist die Verwendung selbstgezogener Jungpflanzen. Man kann Wiesenmischungen auch in Töpfe und Schalen säen und dann Gruppen von Jungpflanzen, die aus Gräsern und Wildblumen bestehen, auspflanzen. Auf diese Weise haben die Pflanzen zumindest einen Vorsprung gegenüber unerwünschten Konkurrenten, und überdies lassen sich im ersten Jahr Wildkrautsämlinge zwischen den Gruppen gut heraushacken. Im zweiten Jahr sollten in der oberen Erdschicht nicht mehr so viele unerwünschte Samen vorhanden sein, und die Gruppen werden beginnen, sich auszubreiten.

EIN WILDBLUMENRASEN

1 *Bellis perennis* (Gänseblümchen)
2 *Hypochaeris radicata* (Ferkelkraut)
3 *Lotus corniculatus* (Hornklee)
4 *Prunella vulgaris* (Braunelle)
5 *Trifolium pratense* (Rotklee)
6 *Veronica chamaedrys* (Gamander-Ehrenpreis)

Prunella vulgaris
Die Gemeine Braunelle
ist eine kleine, aber robuste Wildstaude, die sich
in Sonne oder Halbschat-
ten rasch ausbreitet und
selbst zwischen kräftigen
Gräsern in einer Wiese
gut gedeiht. Früher ver-
wendete man sie in der
Pflanzenheilkunde, insbe-
sondere zur Behandlung
von Wunden und Hals-
schmerzen. Sie ist vor allem auch für Insekten
wichtig, nicht zuletzt, weil
sie später als die meisten
Frühsommerblumen
blüht.

Eine Variation dieser Methode besteht darin,
daß man die teurere Saatmischung mit den Wildblumen in Schalen sät und später die Sämlinge auspflanzt, wobei man die Zwischenräume mit einer
Grassamenmischung füllt. Die Aussaat in Schalen
ist vor allem bei schwerem Tonboden sinnvoll, da er
sich für eine direkte Saat nicht ausreichend zerkrü-
meln läßt. Bei größeren Flächen ist es empfehlenswert, ganze Wildblumensoden heranzuziehen und
umzusetzen (siehe unten).

Pflanzzeit

Die Form, in der Wildblumen gepflanzt werden,
entscheidet über die richtige Pflanzzeit.

Freilandpflanzen   In kühlen, feuchten Klimalagen
kann man zwischen Sommerende und Spätfrühjahr
Stauden fast jederzeit ausgraben und umpflanzen.
In wärmeren Gegenden geschieht dies am besten im
Herbst oder Frühwinter, damit die Wurzeln Zeit
zum Anwachsen haben, bevor der Sommer beginnt.
In Regionen mit langen harten Wintern pflanzt
man, sobald der Boden nicht mehr gefroren ist.

Containerpflanzen   Die Verwendung von in Con-
tainern gezogenen Pflanzen reduziert Wurzelschä-
den beim Auspflanzen auf ein Minimum und erlaubt größere Flexibilität bei der Pflanzzeit. In
gemäßigten Zonen können Containerpflanzen zu
jeder Jahreszeit gepflanzt werden, sofern man sie
anschließend feucht hält. In einem kontinentalen
Klima mit harten Wintern sollte man jedoch erst im
Frühjahr pflanzen.

Jungpflanzen   In Schalen oder Kisten gezogene
Jungpflanzen (siehe Seite 98) müssen zu einem
Zeitpunkt ins Freie gesetzt werden, an dem keine
Gefahr besteht, daß sie austrocknen oder erfrieren.
In kalten Gegenden ist dies das Frühjahr, in frost-
freien Regionen der Herbst oder der Winter.

Einen Wildblumenrasen anlegen

Ein Wildblumenrasen ist vor allem dort empfehlenswert, wo eine richtige Wiese zu hoch ist oder zu ungepflegt wirkt. Er besteht aus üblichen Rasengräsern
und einer Anzahl von Wildblumen, die kaum höher
als die Gräser werden. Der einfachste Weg, mit der
Anlage eines Wildblumenrasens zu beginnen, ist,
den vorhandenen Rasen eine Zeitlang nicht mehr zu
mähen und zu warten, was passiert. Wahrscheinlich
stellt sich eine beachtliche Zahl von Wildblumen
ein – Pflanzen wie Gänseblümchen, Klee und Wegerich, die mit nahe am Boden stehenden Blattrosetten
und kurzen Blütenstielen ausgestattet sind. Im Handel sind Fertigmischungen für Wildblumenrasen erhältlich, aber auch einen bereits existierenden Rasen
kann man durch die unten gezeigte Methode, mit
Blumenrasen-Narben, artenreicher gestalten. Die
am besten geeigneten Wildblumen für Rasen sind
Spätfrühjahrs- und Sommerblüher, aber es gibt auch
noch einige frühere Arten, insbesondere die Schlüsselblume und für schattigere Stellen sogar die Kissenprimel, sofern der Rasen nicht zu kurz abgemäht
wird. Eine weitere Möglichkeit für das Frühjahr sind
kleine Zwiebelblumen wie Schneeglöckchen, Krokusse und die kleineren Narzissenarten. (Zur
Pflege eines Rasens siehe Seite 86.)

Blumenrasen-Narben

Blumenrasen-Narben können zur Anlage
oder Ergänzung eines Rasens oder einer Wiese verwendet werden. Man sät – etwas dichter
als üblich – eine Mischung aus Wildblumen
und Gräsern in ein vorbereitetes, von Spontanvegetation befreites Saatbett und läßt den
Blumenrasen über den Sommer mehrere Monate wachsen, bis sich eine solide Matte aus
Jungpflanzen gebildet hat. Dann sticht man
mit dem Spaten 5–8 cm dicke, rechteckige
Narben aus, die man in einem Wiesenbereich
in flache Mulden drückt.

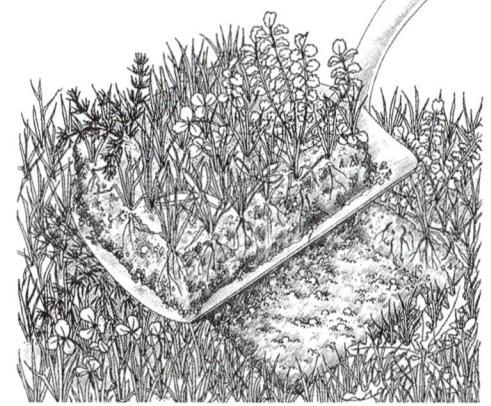

*Beträgt der Abstand zwischen den einzelnen
Narben mehr als 30 cm, wird etwas Gras
dazwischengesät.*

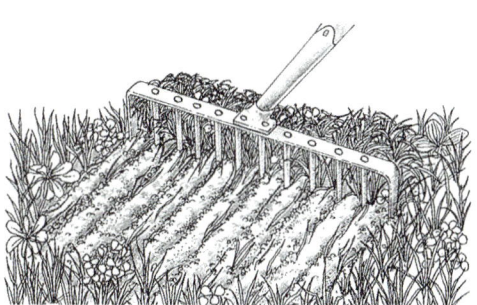

*Mit einem stabilen Rechen wird die Grasnarbe
aufgerissen. Dann können zur Belebung des
Rasens neue Arten von Wildblumen gepflanzt
oder eingesät werden. Anschließend die Erde
andrücken.*

Einjährige Wiesen anlegen

Auch wenn einjährige Wiesen für große Flächen ungeeignet sind, können sie in kleinem Maßstab in zentralen Bereichen des Gartens wunderschöne, frische Elemente bilden oder als kleine Flächen in mehrjährige Wiesen integriert werden. Sie sorgen sehr schnell und zuverlässig für eine ganze Palette verschiedener Farben, obwohl die Pracht einjähriger Wildblumen leider nur von kurzer Dauer ist. Vor allem Äcker können blühend einen großartigen Anblick bieten. Eine Möglichkeit, die Blühperiode auszudehnen, sind mehrere aufeinanderfolgende Aussaaten, wie sie Gemüsegärtner bei Kopf- und anderen Salatpflanzen praktizieren (siehe unten).

Saatprogramm: Erstes Jahr

Herbst Sorgen Sie dafür, daß die Pflanzfläche frei von Spontanvegetation und die Erde gut zerkleinert ist. Säen Sie auf kleinen Flächen eine Ackerblumenmischung ein, und markieren Sie die Stellen mit Stöcken, Steinen oder Schnur. Viele der Pflanzen keimen rasch und bleiben den Winter über stehen. Andere erscheinen erst, wenn die Kälte vorbei ist.

Frühjahrsbeginn Flächen, in die nichts gesät wurde, werden gründlich gehackt, um alle unerwünschten Wildkräuter zu entfernen, die während des Winters aufgegangen sind. Dann sät man ein zweites Mal.

Spätfrühjahr Sind die ersten beiden Saaten gut aufgegangen, wird auf den verbliebenen Flächen ein

EINE EINJÄHRIGE WIESE

Anmutige Gräser mit:

1 *Agrostemma githago* (Kornrade)
2 *Anthemis arvensis* (Ackerkamille)
3 *Centaurea cyanus* (Kornblume)
4 *Chrysanthemum segetum* (Saat-Wucherblume)
5 *Papaver rhoeas* (Klatschmohn)

Kornblumen *(Centaurea cyanus)* und Klatschmohn *(Papaver rhoeas)* blühen in kräftigen leuchtenden Farben, müssen aber jedes Jahr neu ausgesät werden, damit sie nicht von Gräsern und Wildstauden verdrängt werden. Man kann im Herbst säen und mehrmals im Frühjahr, damit eine möglichst lange Blütezeit gewährleistet ist.

drittes und letztes Mal gesät. Im Sommer gibt es dann auf dem Blumenacker drei aufeinanderfolgende Blühperioden.

Spätsommer/Herbst Mähen Sie die Reste des Blumenackers, und lassen Sie den Schnitt auf dem Boden liegen, damit er trocknet und die Samen für das kommende Jahr ausstreut, bevor Sie ihn entfernen. Dann wird der Boden leicht umgegraben.

Das zweite und die folgenden Jahre

Im Frühjahr entfernt man alle offensichtlich mehrjährigen Wildkräuter, die sich angesiedelt haben, und läßt den Blumenacker aus den Samen des vergangenen Jahres wachsen. Diesmal gibt es nur eine Blüte, die vielleicht sogar noch etwas dürftiger ausfällt. Um optimale Ergebnisse zu erzielen, sollten Sie daher vielleicht wie im ersten Jahr ebenfalls mit frischen Samen beginnen.

Mehrjährige Wiesen

Nachdem eine mehrjährige Wiese eingesät oder gepflanzt wurde und zu wachsen begonnen hat, befindet sie sich in einer Etablierungsphase. Im traditionellen Gartenbau ist dies eine recht klar umrissene Entwicklungsstufe, in der man wässern, jäten und die Pflanzen vielleicht auch schneiden und erziehen muß. Doch die Anlage eines Wildblumenbiotops ist erheblich komplizierter als die einer Rabatte oder eines Obstgartens – man siedelt eine ganze Gemeinschaft aus vielen verschiedenen Pflanzenarten an, die in Wechselbeziehung zueinander stehen und sich Konkurrenz machen. Oft kann man die einzelnen Pflanzen nicht sehen, geschweige denn pflegen, so daß sie auch nicht individuell geschnitten oder gedüngt werden können; vielmehr muß der gesamte Bereich mehr oder minder als Einheit betrachtet werden. Aus diesem Grund stellt die Wildblumengärtnerei tatsächlich eine Herausforderung dar – Sie müssen als Gärtner mit der Natur arbeiten, anstatt sie zu manipulieren.

Diese Etablierungsphase ist elementar, denn was in ihr geschieht, kann über Erfolg und Scheitern des gesamten Projektes entscheiden. Schnellwüchsigere oder kräftigere Arten haben unweigerlich die Tendenz, sich auf Kosten langsam wachsender, wie etwa Schlüsselblumen, auszubreiten. Daher ist bei Wiesen in den frühen Stadien der Schnitt wichtig, denn er begrenzt das Wachstum der wuchsfreudigen Arten und gibt den kleineren, schwachwüchsigeren eine Chance. Auf diese Weise entsteht ein besseres Gleichgewicht.

Schnitt einer ein Jahr alten Wiese

Auf sehr magerem Boden muß die Wiese im ersten Jahr vielleicht noch nicht geschnitten werden, im allgemeinen aber ist es notwendig. Wenn die Gräser und Wildblumen 7 cm hoch sind, sollten sie auf 3–5 cm zurückgeschnitten werden, danach mäht man wieder, wenn sie erneut 7 cm Höhe erreicht haben, um das Wachstum der kräftigsten Gräser und Blumen zu begrenzen. Ideal sind Rasenmäher, die vorn eine Walze haben, die die Sämlinge andrückt, bevor das Messer sie erreicht. Wenn sich in der Wiese einjährige Blumen wie Ackerblumen befinden, kann der erste Schnitt bis nach der Blüte hinausgeschoben werden, muß aber spätestens Ende Juli erfolgen.

Vom zweiten Jahr an befolgen Sie das Pflegeprogramm auf Seite 86–87.

Wässern und Jäten

Das Einsäen oder Pflanzen einer Wiese erfolgt am besten zu einer Jahreszeit, in der ausreichend Regen fällt. Aber häufig ist auf das Wetter kein Verlaß, und dann ist Wässern während der ersten Monate von elementarer Wichtigkeit. Falls gewässert werden muß, achten Sie darauf, daß die Erde gründlich durchnäßt wird, denn wenn Sie nur die Oberfläche befeuchten, werden die Wurzeln nicht tief genug in den Boden eindringen, um Wasser zu erreichen.

Von entscheidender Bedeutung ist bei einer neuen Wildblumenwiese das Jäten. Wenn Sie jetzt unerwünschte Spontanvegetation fernhalten können, ist die wichtigste Schlacht gewonnen, falls nicht, besteht vor allem bei ausdauernden Pflanzen die Gefahr, daß Sie sich ein für allemal mit ihnen abfinden müssen. Das Jäten von Hand ist auf großen Flächen zwar mühsam, doch in der Entwicklungsphase einer Wiese das einzige Mittel, um sich selbst einstellende, ausdauernde Pflanzen wirkungsvoll zu bekämpfen. Am besten führt man es zu einem möglichst frühen Zeitpunkt durch, bevor die Wurzeln zu tief eindringen. Das Erkennen der Sämlinge erfordert allerdings einen erfahrenen Blick. Falls es Stellen gibt, an denen anscheinend mehr Spontanvegetation wächst als Wildblumen, sollte man sie eventuell hacken und neu einsäen.

Wo Wildkrautsämlinge geballt auftreten oder Wildblumen in Reihen gesät wurden und offenbar ist, daß es sich bei allen dazwischen keimenden Pflanzen um Eindringlinge handelt, nimmt man zur Bekämpfung am besten die Hacke. Oder aber man verwendet einen Handspaten oder eine Handgabel.

Auf weichem Boden lassen sich hohe Wildkräuter am einfachsten mit der Hand herausziehen. Einzelne Pflanzen können auch – wenn es gar nicht anders geht – gezielt mit Herbizid behandelt werden (siehe Seite 73).

Wiesen pflegen

Alle Wildblumenpflanzungen, vor allem aber Wiesen verändern sich im Lauf der Zeit. Einige Pflanzenarten keimen und entwickeln sich hier rasch und sehen bereits im zweiten Jahr nach der Saat hübsch aus, wie Schafgarbe und Braunelle, andere, etwa Schlüsselblumen, brauchen dagegen länger. Während sich die Pflanzengemeinschaft etabliert und dabei ein gewisses Gleichgewicht schafft, wird sich die Zusammensetzung der Arten und damit das Erscheinungsbild der Wiese verändern. Es kann mehrere Jahre dauern, bis eine Wiese den Punkt erreicht, an dem alle Arten entwickelt sind und sich mehr oder minder im Gleichgewicht befinden, so daß sich keine mehr übermäßig auf Kosten anderer entwickelt. Doch um diese Ordnung innerhalb der Pflanzengemeinschaft zu erhalten, muß ein rigoroses Pflegeprogramm durchgeführt werden.

Wie bereits erwähnt, hängt dieses Gleichgewicht der Arten auf landwirtschaftlich genutzten Wiesen von Schnitt oder Beweidung ab (siehe Seite 44). Als Gärtner müssen Sie diese Kontrollfaktoren auf Ihre Wiese übertragen, um jene Pflanzen in Schach zu halten, die vielleicht eine völlig neue Entwicklung in Gang setzen könnten. Die unmittelbare Bedrohung stellen nicht Bäume oder Gesträuch dar, sondern robuste Gräser und Stauden. Sogar die Wildblumen selbst müssen in einer gewissen Balance gehalten werden.

Im Garten hängt dieses Gleichgewicht vom Schnitt ab. Der Schnitt von Frühlings- und Sommerwiesen erfolgt zu unterschiedlichen Zeitpunkten. Eine im Frühling blühende Wiese, auf der beispielsweise Schlüsselblumen und Butterblumen wachsen, müßte im Hochsommer geschnitten werden, also erst längere Zeit nach der Blüte, damit die Wildblumen genügend Zeit zum Aussamen haben. Läßt man sie aber länger stehen, werden möglicherweise Gräser und größere sommerblühende Arten wie Flockenblumen zu hoch und verdrängen die Frühlingsblumen.

Sofern in einem Wildblumenrasen keine Frühjahrsblüher wie Zwiebelblumen und Schlüsselblumen wachsen, sollte bis zum Spätfrühjahr auf etwa 5 cm Höhe abgemäht und dann etwa einen Monat nicht geschnitten werden, weil das die Zeit der Hauptblüte ist. Danach wird der Rasen alle zwei bis vier Wochen in 8–10 cm Höhe gemäht, so daß immer noch Blumen blühen können. Falls es jedoch frühe Frühlingsblumen gibt, wartet man mit dem ersten Schnitt, bis ihre Blätter gelb geworden sind.

Selbstaussaat

In freier Natur regenerieren sich Wildblumen durch Aussaat oder Ausläufer immer wieder selbst. Einige Pflanzen, wie etwa die Kuhschelle, wachsen jahrelang an der gleichen Stelle, doch viele Wildblumen und Gräser wechseln ständig ihren Standort. Die Indianernessel etwa wächst immer von der Mitte ihres ursprünglichen Standortes nach außen. Bei

KREIDEHÜGELLAND

1 *Campanula glomerata* (Knäuel-Glockenblume)
2 *Campanula rotundifolia* (Rundblättrige Glockenblume)
3 *Centaurea nigra* (Schwarze Flockenblume)
4 *Dianthus gratianopolitanus* (Pfingstnelke)
5 *Helianthemum nummularium* (Gemeines Sonnenröschen)
6 *Linaria vulgaris* (Gemeines Leinkraut)
7 *Linum perenne* (Dauerlein)
8 *Origanum vulgare* (Gemeiner Dost)
9 *Reseda lutea* (Gelbe Reseda)
10 *Salvia pratensis* (Wiesensalbei)
11 *Sanguisorba minor* (Pimpernell)
12 *Thymus praecox* (Frühblühender Thymian)

Lilium martagon
Die Türkenbund-Lilie ist eine majestätische sommerblühende Zwiebelpflanze mit reizvoll geschwungenen rosa Blütenblättern. Die Ansiedlung der Pflanze erfordert Zeit und Geduld, ihre Schönheit aber ist der Mühe wert. Die Samen brauchen zum Keimen zwei Jahre – im ersten Frühjahr nach der Aussaat erscheint die Wurzel, im folgenden der Trieb. Es dauert noch mehrere Jahre, bis sich Blüten entwickeln, aber dann bildet die Pflanze auch reichlich Samen.

vielen Arten sind die jüngeren Exemplare kräftiger, wachsen schneller und blühen besser. Es liegt daher im Interesse des Gärtners, die Selbstaussaat zu fördern. Zwar besteht dabei die Gefahr, daß sich bestimmte Arten zu stark ausbreiten, doch es ist möglich, dem vorzubeugen, indem man hier die Aussaat verhindert. Bei kleinen Flächen kann man die Pflanzen einzeln abschneiden, bei größeren muß jedoch die ganze Wiese gemäht werden, bevor die invasiven Arten Samen ausbilden. Falls dennoch ein oder zwei Arten überhandzunehmen drohen, muß man vielleicht auf gezieltere Methoden der Ausmerzung zurückgreifen (siehe Seite 73).

Besteht die Gefahr, daß in einem Wildblumenrasen bestimmte Arten, wie etwa Gänseblümchen und Braunelle, das Gras verdrängen, sollte man ihre Zahl verringern, das heißt einen Teil ausgraben und durch Grasnarbenstreifen ersetzen oder neues Gras einsäen. Im allgemeinen aber sorgt ein regelmäßiger Schnitt dafür, daß keine Art überhandnimmt.

Wiesen mähen

Mit vielen der üblichen Mähmaschinen kann man zwar Rasen mähen, nicht jedoch Wildblumenwiesen. Spindel- und Luftkissenmäher schneiden das Gras viel zu kurz, und auch einige Sichelmäher lassen sich nicht hoch genug stellen. Eine richtige Sommerwiese muß man mit einer Maschine mähen, deren Messer auf mindestens 7 cm Höhe gestellt werden können, während bei Wildblumenrasen oder Frühlingswiesen, die im Sommer als Rasen gehalten werden, 5 cm ausreichen. Viele Frühjahrs-Wildblumen sind entweder Zwiebelblumen, die später einziehen, oder haben flache Blattrosetten, die auch überleben, wenn sie so kurz wie Rasengräser geschnitten werden. Größere Stauden, die in Wiesen wachsen, können durch schwere Geräte stark geschädigt werden, vor allem durch Aufsitz-Mäher.

Wo es sich als unmöglich erweist, hohe Wiesen mit einem Rasenmäher zu schneiden, leistet eine Sense gute Dienste. Wenn man sich von einem Fachmann zeigen läßt, wie man mit einer Sense umgeht, kann das Mähen eine wunderbare Bewegungstherapie sein. Bei der Arbeit mit einer Sense sollten Sie stets festes Schuhwerk tragen. Wer Sensen im 20. Jahrhundert für unzeitgemäß hält, kann statt dessen einen Trimmer benutzen. Gras und weiche Pflanzen können mit dem rotierenden Nylonfaden geschnitten werden, falls die Pflanzen aber zu hart sind, muß eine Motorsense eingesetzt werden. Ein Trimmer aber ist noch gefährlicher als eine Sense. Sie sollten eine Schutzbrille, Hosen aus solidem Material und feste Schuhe tragen, denn bei der Arbeit fliegen überall Stengelstücke und Steine umher. Außerdem haben Sie vielleicht nach einer Stunde das Bedürfnis, Ihre Ohren zu schützen, denn Trimmer sind laut – und im Gegensatz zum rhythmischen Sensenschwingen in keiner Weise heilsam.

Außer auf sehr unfruchtbaren Böden ist es immer ratsam, das Schnittgut zu entfernen, um die Bodenfruchtbarkeit gering zu halten und damit die weniger kräftigen Pflanzenarten zu unterstützen. Da das Zusammenrechen von Schnittgut recht mühevoll ist, sollte man am besten einen Rasenmäher mit Fangkorb benutzen. Auf einem Wildblumenrasen darf nie Rasendünger ausgebracht werden, denn die besten Ergebnisse erzielt man auf ärmeren Böden.

Schattenpflanzungen

Schattige Wildblumengärten müssen meistens gepflanzt werden, da sich viele im Wald heimische Arten aus Samen sehr langsam entwickeln. So benötigen etwa Dreiblatt *(Trillium)* und zahlreiche Lilien zwei Jahre, um zu keimen, und noch einige mehr, um Blühgröße zu erreichen. Bestimmte Waldblumen, zu denen auch die gerade genannten gehören, lassen sich allgemein schlecht vermehren und sind daher in freier Natur viel gesammelt und stark dezimiert worden. Aber eine ganze Anzahl schöner Waldblumen kann man problemlos und preiswert als Pflanzen kaufen, wie etwa Salomonssiegel *(Polygonatum)*, Schattenblume *(Smilacina)* und Maiglöckchen *(Convallaria majalis)*. Diese Stauden kann man in großen Mengen pflanzen und dazwischen, auf einige gut sichtbare Plätze verteilt, einige der selteneren und teureren Pflanzen wie das Dreiblatt. Auch einige wenige Waldpflanzen samen sich leicht aus und wachsen schnell, wie zum Beispiel Kissenprimeln und Veilchen. Bei vielen Waldpflanzen, und vor allem bei frühlingsblühenden Arten, handelt es sich um Zwiebelblumen. Sie sollten im Herbst so früh wie möglich gepflanzt werden, da ihre Wurzeln zu wachsen beginnen, sobald sie sich im Boden befinden (siehe unten). Pflanzen Sie Zwiebelblumen in Gruppen, indem Sie jeweils eine Handvoll auf den Boden streuen, um eine natürliche Wirkung zu erzielen (siehe Seite 40).

Der Boden, auf dem Waldpflanzen leben, ist ganz anders beschaffen als der Boden von Wiesen und offenem Gelände. Seine obere Schicht besteht aus noch nicht verrotteten Blättern, und darunter befindet sich eine Lage weiches, humusreiches Material, das als Lauberde bezeichnet wird. Waldpflanzen wurzeln recht nahe an der Oberfläche in der feuchten, nahrhaften Lauberde. Wenn man schattenliebende Wildblumen in einem Wald pflanzt, sollte es keine Probleme geben, setzt man sie jedoch unter einzeln stehende Bäume im Garten, reicht die Schicht aus Lauberde möglicherweise nicht aus, und an künstlich angelegten schattigen Plätzen fehlt sie ganz. Damit Waldpflanzen in solchen Situationen gedeihen, ist es notwendig, mit Material wie kompostierter Rinde, kalkhaltigem Pilzsubstrat, gut verrottetem Kompost oder verrottetem Laub im Boden eine Schicht aus organischem Material zu schaffen. An trockenen Plätzen lohnt sich vielleicht die Zugabe von Hydrogel. Diese Substanz verbessert das Wasserhaltevermögen des Bodens. Was die Menge und Handhabung betrifft, sollte man genau die Gebrauchsanweisung befolgen.

Wenn es sich bei dem schattigen Bereich in Ihrem Garten um mehr oder weniger natürlichen Wald handelt, müssen Sie den Pflanzenbewuchs möglicherweise ausdünnen, um Wildblumen pflanzen zu können. Falls Bäume gefällt werden müssen, vergessen Sie nicht, daß es vielerorts Beschränkungen gibt. Auch ist es nicht ungefährlich, und am be-

Zwiebeln pflanzen

Steht der ungefähre Standort fest, streut man behutsam eine Handvoll Zwiebeln auf den Boden und pflanzt sie an den Stellen, an denen sie gelandet sind. Die Pflanztiefe entspricht etwa der zweifachen Höhe der Zwiebeln. Nach dem Pflanzen drückt man die Erde mit den Füßen sanft an, so daß ein guter Kontakt mit den Zwiebeln entsteht. Es sind verschiedene Geräte zum Pflanzen von Zwiebeln auf dem Markt, die nach meiner Erfahrung aber wenig Vorteile gegenüber einem Spaten haben und bei schweren Böden praktisch nutzlos sind.

Die Zwiebeln dort pflanzen, wo sie auf den Boden gefallen sind, damit die Wirkung zufälliger und natürlicher ist.

Als allgemeine Richtlinie gilt, daß die Pflanztiefe für Zwiebeln ungefähr ihrer doppelten Höhe entsprechen sollte.

Mulch ausbringen

Sobald Sie Wildblumen gepflanzt haben, sollten Sie großzügig mulchen, um ihre Wurzeln kühl und feucht zu halten und um Spontanvegetation zu unterdrücken (siehe unten).

Es gibt verschiedene Arten von Mulch, wie etwa Stroh, alten Hopfen oder Pilzsubstrat, und Sie sollten die Abfallprodukte benutzen, die vor Ort erhältlich sind. Rindenmulch und Sägespäne sind Abfallprodukte der Forstwirtschaft, die heute häufig in Gärten Verwendung finden. Wenn man sie kauft, können sie teuer sein, doch wer altes Holz oder Schnittgut hat, kann sie mit einem Häcksler selbst herstellen. In unkompostiertem Zustand müssen Holz und Rinde von Nadelgehölzen um Stauden herum aber mit Vorsicht verwendet werden, da sie Giftstoffe abgeben, die junge Triebe schädigen können. Um dies zu verhindern, sollte man die Wurzelkronen der Pflanzen nicht bedecken, sondern den Mulch außen herum verteilen.

Wie im Abschnitt über Bodenfruchtbarkeit (Seite 74) bereits erwähnt, können Holz- und Rindenschnitzel den Stickstoffgehalt des Bodens reduzieren, wenn man sie untergräbt. (In geringerem Maß gilt dies auch für Stroh.) Auf waldigen Flächen aber ist das gewöhnlich nicht wünschenswert, deshalb sollte man darauf achten, daß solche Materialien während des Pflanzens oder anderer Gartenarbeiten nicht in den Boden gelangen.

Das Dreiblatt (*Trillium sessile*) läßt sich nur schwer vermehren, weil seine Samen zwei Jahre benötigen, um zu keimen. In freier Natur sind die Bestände stark zurückgegangen, da die Pflanze in großem Umfang von Händlern gesammelt wurde.

sten holt man sich den Rat eines Fachmanns. Vermutlich werden Sie einige Sträucher und etwas Unterholz herausnehmen müssen, sonst sollte – abgesehen von dem Entfernen kleinerer Baumwurzeln und unerwünschter Pflanzen – kaum Bodenbearbeitung notwendig sein, denn wuchsfreudige Wildkräuter sind in Wäldern kaum zu finden. Wahrscheinlich sind aber bereits einige schöne Wildblumen vorhanden, und es ist die Aufgabe des Wildblumengärtners, sie möglichst weitgehend zu erhalten.

Mulchen

Eine Mulchdecke konserviert die Bodenfeuchtigkeit und unterdrückt die Entwicklung unerwünschter Spontanvegetation, wobei sie ähnlich wie eine lockere Schicht Fallaub wirkt, die im Wald den Boden bedeckt. In Wald- und Schattenbereichen pflanzt man Stauden weiter auseinander als in voller Sonne, so daß eine Deckschicht zur Unterdrückung von Wildkraut wichtig ist. Ausgezeichnet geeignet dafür ist Stroh. Es ist billig, überall erhältlich sowie leicht anzuwenden und hält zwei Jahre. Der einzige Nachteil ist, daß gelegentlich Schnecken dort Unterschlupf suchen.

Nach dem Pflanzen von Waldblumen wird um sie herum eine großzügige Mulchdecke *verteilt, um die empfindlichen Wurzeln kühl und feucht zu halten.*

Pflanzplan für einen Wald im Spätfrühjahr

Einige der schönsten frühen Wildblumen findet man in Wäldern, in denen der Boden mit einer enormen Vielfalt unterschiedlicher Arten bedeckt ist, die blühen, bevor die Bäume ausschlagen. Viele dieser Wildblumen breiten sich recht schnell aus, wie etwa Kissenprimeln, Veilchen und *Phlox stolonifera,* andere dagegen nur langsam, insbesondere Dreiblatt und Blutwurz. Die schwachwüchsigen Arten müssen dort gepflanzt werden, wo sie am besten zur Geltung kommen, während man die wuchsfreudigeren beliebig verteilen kann. Da der Boden locker und humusreich sein muß, sollte man nicht mit Kompost oder anderem organischem Material geizen.

1   2   3   4   5   6   7   8   9   10   11

1 *Aquilegia canadensis* (Akelei): 75 cm; farbenfrohe Blume, die sich leicht ausbreitet.

2 *Galium odoratum* (Waldmeister): 15 cm; gedeiht in trockenem Schatten und breitet sich gut aus; bevorzugt Kalkboden.

3 *Primula elatior* (Hohe Primel): 25 cm; liebt feuchte Erde.

4 *Phlox stolonifera:* 20 cm; ein farbenfroher Bodendecker für leichten Schatten und saure Böden.

5 *Thelypteris hexagonoptera:* 40 cm; ein besonders empfehlenswerter Bodendecker.

6 *Erythronium umbillicatum* (Hundszahn): 20 cm; breitet sich langsam aus und bevorzugt nahrhafte, feuchte Erde.

7 *Trillium grandiflorum* (Dreiblatt): 40 cm; klassische Waldpflanze, die sauren Boden bevorzugt.

8 *Polystichum acrostichoides* (Schildfarn): 30–60 cm; robuster immergrüner Farn.

9 *Sanguinaria canadensis* (Blutwurz): 10 cm; blüht im Frühjahr nur kurz, hat aber reizvolles Sommerlaub; braucht nahrhafte Erde.

10 *Helleborus foetidus* (Nieswurz): 60–90 cm; stattliche immergrüne Pflanze, die Kalkboden bevorzugt.

11 *Viola riviniana* (Hainveilchen): 10 cm; blüht sehr früh, gedeiht gut in feuchter Erde.

12 *Convallaria majalis* (Maiglöckchen): 15 cm; duftet süß und breitet sich üppig aus.

13 *Primula vulgaris* (Kissenprimel): 15 cm; unproblematische und anpassungsfähige klassische Frühlingsblume.

14 *Dryopteris filix-mas* (Wurmfarn): bis 90 cm; anpassungsfähiger, mitunter immergrüner Farn.

15 *Dicentra eximia* (Herzblume): 30 cm; blüht sehr lange, breitet sich gut aus.

16 *Anemone nemorosa* (Buschwindröschen): 15 cm; breitet sich auf magerem Boden immer weiter aus.

17 *Chrysogonum virginianum:* 20 cm; ausgezeichneter Bodendecker für leichten Schatten, der lange blüht.

18 *Silene virginica* (Leimkraut): 30–60 cm; gedeiht am besten in leichtem Schatten.

19 *Mertensia virginica* (Blauglöckchen): 40–60 cm; wächst in feuchter, nahrhafter Erde gut; zieht im Sommer ein.

Feuchtgebiete anlegen

Wenn Sie einen Gartenbereich haben, der von Natur aus feucht oder staunaß ist, liegt es nahe, ihn mit feuchtigkeitsliebenden Wildblumen zu gestalten. Auf trockenem Boden wiederum kann mit Hilfe von Folie ein kleiner Teich oder ein Feuchtgebiet angelegt werden (siehe unten). Beide sind als Gartenelemente und Tieroasen wunderschön und von so großem Wert, daß sich die Mühe, die ihre Anlage erfordert, wirklich lohnt, zumal sie sich gewöhnlich sehr rasch entwickeln und sehr dankbar sind. Darüber hinaus brauchen Feuchtgebiete wenig Pflege, sieht man von einem jährlichen Schnitt im Herbst oder Winter ab, bei dem man abgestorbene Pflanzenteile entfernt.

Das Bepflanzen einer natürlichen feuchten Fläche ist sehr einfach. Allerdings muß sie zuerst einmal gesäubert werden, und jede unerwünschte Spontanvegetation ist wahrscheinlich dicht und verfügt über ein verfilztes Wurzelsystem. Das Umgraben von nassem Boden bedeutet immer harte Arbeit, vor allem, wenn er eine Tonschicht enthält. Zum Entfernen von Gras und Wildkräutern können zwar Herbizide (siehe Seite 73) eingesetzt werden, doch Vorsicht in der Nähe von Wasser, insbesondere fließendem Wasser. Denn abgesehen davon, daß es keine völlig unbedenklichen Chemikalien gibt, ist der Prozeß nach Anwendung von Herbiziden im Boden ein anderer als im Wasser, wo die Wirksamkeit der verschiedenen Substanzen sehr viel länger erhalten bleibt und für das Leben im Wasser tödliche Folgen haben kann.

Um ein Feuchtgebiet interessant und lebendig zu gestalten, kann man das Bodenniveau und damit den Nässegrad des Bodens variieren und verschiedene Minibiotope anlegen. Sollte sich in einem großen Bereich der Grundwasserspiegel konstant dicht unterhalb der Erdoberfläche befinden, könnten Sie beispielsweise in einem Abschnitt Erde ausbaggern, um einen Teich anzulegen. Auf Flächen mit leicht feuchtem Boden kann man kleine Bereiche tiefer legen und andere erhöhen, um den Feuchtigkeitsbedürfnissen einer Vielfalt von Pflanzen gerecht zu werden, die von Sumpfblumen bis zu Uferzonenpflanzen wie Wasser-Schwertlilien reicht.

Auf feuchten Flächen ist Einpflanzen oft einfacher als Säen, vor allem, wenn die Gefahr besteht, daß Samen fortgeschwemmt werden. Es kann zu jeder Jahreszeit gepflanzt werden (siehe Seite 82), obwohl der Frühling die günstigsten Arbeitsbedingungen bietet. Weil ständig feuchter Boden auch Wildkräutern gefällt, ist es hilfreich, zwischen den Pflanzen zu mulchen (siehe Seite 89). Wo eine große Fläche bepflanzt werden muß, ist es möglicherweise sinnvoll, einen Teil der Pflanzen auszusäen und vielleicht nur teure oder schwachwüchsige Wildblumenarten zu pflanzen. Oder man pflanzt blühende und dekorative Arten und sät um sie herum eine Mischung aus feuchtigkeitsliebenden Gräsern (siehe Seite 76 f.).

Die Ufer von Bächen und Flüssen gehören zu den schönsten Wildblumenbiotopen, doch oft sind Gar-

Einen Sumpf anlegen

Sümpfe haben zwar eine schlechte Drainage, dennoch gibt es in der Natur keine Staunässe. Man sollte daher versuchen, eine gewisse Drainage zu gewährleisten. Man sticht im Abstand von etwa 45 cm Löcher in dicke Folie und läßt diese wenigstens 30 cm tief in den Boden ein. Die aufgefüllte Erde muß absolut frei von Spontanvegetation sein. Nährstoffarme Erde reichert man mit etwas organischem Material an. Zur Bewässerung gibt es spezielle Tröpfelschläuche; man kann aber auch einen alten Schlauch verwenden, in den man mit einem Nagel in gleichmäßigen Abständen Löcher bohrt.

Ein Tröpfelschlauch hält den Sumpfbereich in Trockenperioden feucht.

Viele Feuchtgebietspflanzen sind wuchsfreudig und breiten sich üppig aus. Die Gauklerblume *(Mimulus luteus)* samt sich selbst aus, mitunter sogar zu stark; *Iris versicolor* dagegen vermehrt sich nur langsam durch Samen, bildet aber bald dichte Büsche, während sich ihre Wurzeln ausbreiten.

tenarbeiten hier schwierig. Steile Böschungen, dichter Krautbewuchs, die Kälte des Wassers, der Schlamm und die Baumwurzeln – all diese Faktoren erschweren das Bepflanzen. Das Beste ist häufig, einige gut wachsende Pflanzen zwischen die bereits existierende Vegetation zu setzen und zu hoffen, daß sie Fuß fassen. Wuchsfreudige Pflanzen wie Weiderich *(Lythrum)*, Wasserdost *(Eupatorium cannabinum)* und Mädesüß *(Filipendula ulmaria)* sollten sich hier problemlos ansiedeln. Die günstigste Zeit für Arbeiten an Ufern ist das Frühjahr, damit die Pflanzen anwachsen können, bevor der Winter kommt und die nächste Überschwemmung droht.

Das Anlegen eines Feuchtgebiets auf trockenem Boden

Auch wenn dies nach einer der wenig naturnahen Praktiken klingt, auf die der Wildblumengärtner im allgemeinen lieber verzichtet, läßt sie sich durch den vielfältigen Nutzen rechtfertigen, den sie einer großen Vielfalt von Tieren bringt. Viele Gartenbesitzer wünschen sich einen Teich, um Wildblumen ziehen zu können, die am Wasser wachsen, und ein Teich wirkt erheblich natürlicher, wenn er an ein Feuchtgebiet grenzt. Um einen Gartenteich anzulegen, bildet man im allgemeinen aus Ton, Zement oder Folie eine undurchlässige Schicht, so daß Wasser nicht versickern kann. Ein Feuchtgebiet neben dem Teich kann man einfach schaffen, indem man die undurchlässige Schicht in geringerer Tiefe weiterführt und anschließend Erde aufschüttet. Aber da es nicht notwendig ist, daß sich unter einem Feuchtgebiet eine vollkommen undurchlässige Schicht befindet, ist es möglicherweise besser (und gewiß preiswerter), das Sumpfgebiet separat anzulegen (siehe gegenüber, unten).

Pflanzplan für ein Feuchtgebiet

Teichränder oder nasse Bodenflächen bieten dem Wildblumengärtner viele reizvolle Möglichkeiten, um Schilf, Seggen und die meist farbenfrohen Wildblumen dieser Biotope zu ziehen. Uferzonenpflanzen wie die Wasser-Schwertlilie *(Iris pseudacorus)* wachsen im allgemeinen zwar am Wasser, doch man kann sie auch in feuchten Boden pflanzen. In Bereichen, die ständig feucht sind, gedeihen wieder andere Gruppen von Wildblumen, die gewöhnlich im Sommer blühen. Die Abbildung dieser Seite zeigt ein Feuchtgebiet im Hochsommer.

SUMPFIGE WIESE

1 *Polygonum bistorta* (Wiesenknöterich): 75 cm; Sommerblume, die rasch Büschel bildet.
2 *Hibiscus moscheutos* (Sumpfeibisch): 90–120 cm; blüht im Spätsommer und braucht volle Sonne.
3 *Mentha aquatica* (Bachminze): 45 cm; wuchsfreudige Sommerblume, die sich rasch ausbreitet.
4 *Lythrum salicaria* (Blutweiderich): 60–120 cm; kräftige Sommerblume.
5 *Iris versicolor*: 60–90 cm; blüht im Frühsommer.

6 *Filipendula ulmaria* (Mädesüß): 75–120 cm; duftende Sommerblume.
7 *Lobelia cardinalis*: 75–90 cm; blüht im Spätsommer.
8 *Eupatorium cannabinum* (Wasserdost): 75–120 cm; eine Spätsommerblume.
9 *Stachys palustris* (Sumpfziest): 75 cm; blüht im Hochsommer.
10 *Trollius laxus* (Trollblume): 30–45 cm; sonnenliebende Hochsommerblume.
11 *Osmunda regalis* (Königsfarn): 60–120 cm; majestätischer Farn für saure Böden und volle Sonne.

UFERZONENPFLANZEN

12 *Saururus cernuus* (Molchschwanz): 60–90 cm; schattentolerante Sommerblume, die sich rasch ausbreitet.
13 *Menyanthes trifoliata* (Bitterklee): 30 cm; blüht zu Frühjahrsbeginn.
14 *Iris pseudacorus* (Wasser-Schwertlilie): 75–150 cm: kräftige Frühsommerblume.
15 *Butomus umbellatus* (Blumenbinse): 75–150 cm; Sommerblume, die sauren Boden bevorzugt.
16 *Ranunculus lingua* (Zungen-Hahnenfuß): 90 cm; kräftige Sommerblume.

Vermehrung

Vermehrung nennt man die Kunst, aus einigen wenigen viele Pflanzen zu ziehen. Für den Wildblumengärtner ist dies von besonderem Interesse, da er häufig von einer Art zahlreiche Exemplare braucht. Bei jeder einigermaßen großen Fläche kann das Bepflanzen zu einem unerschwinglichen Luxus werden, doch wer seine Pflanzen selbst heranzieht, kann die Kosten erheblich senken. Außerdem macht die Vermehrung von Pflanzen viel Freude. Um aber tatsächliche Erfolgserlebnisse erzielen zu können, muß man sich zuvor etwas genauer mit der Materie befassen.

Große Mengen von Stauden und Gräsern lassen sich gewöhnlich am schnellsten und einfachsten aus Samen ziehen, aber Gehölze wachsen aus Samen nur sehr langsam. Aus Samen gezogene Pflanzen weisen bis zu einem gewissen Grad immer Unterschiede auf, deshalb ist diese Vermehrungsmethode im allgemeinen nicht geeignet, eine bestimmte Art oder Sorte zu vermehren, deren Eigenschaften man erhalten will. Haben Sie zum Beispiel ein besonders schönes blaßrosa Buschwindröschen (*Anemone nemorosa*) – eine Wildblume, die besonders unterschiedlich ausfällt –, kann sie nicht durch Aussaat vermehrt werden, sondern durch Teilung ihrer Knollen, um die schönen Eigenschaften zu bewahren. Aus Samen gezogene Pflanzen haben immer gemischte Gene und sind daher keine exakten Abbilder ihrer Eltern. Kopien der Elternpflanzen erhalten Sie nur durch vegetative Vermehrung – also durch Teilung oder Stecklinge.

Das Sammeln von Samen

Samen von Wildblumen können sowohl im Garten als auch in freier Natur gesammelt werden. Da Samen aber zur Verbreitung einer Spezies in der Natur und nicht zum Sammeln vorgesehen sind, ist diese Arbeit nicht immer einfach. Mit der Zeit werden Sie aber lernen, mit den Besonderheiten einzelner Arten umzugehen und genau den richtigen Moment abzupassen, an dem die Samen schon reif sind, sich aber noch an der Pflanze befinden. Da Samen viel Protein enthalten, sind sie als Futter bei kleinen Vögeln und Säugetieren sehr beliebt, die Ihnen mit der Ernte mitunter zuvorkommen werden. Nach meiner Erfahrung sind Fruchtstände häufig auch von kleinen Insektenlarven befallen, die sich ihren Anteil nehmen, und es ist wichtig, sie nicht mit einzusammeln. Verschiedene Samenarten haben unterschiedliche Eigenschaften und werden am besten dementsprechend behandelt (siehe unten).

Samen sortieren

Nach dem Sammeln sollte man Samen für mehrere Tage in Papiertüten an einem trockenen Platz lagern, damit sie trocknen. Bei Kapseln fallen dabei aber auch die Samen in die Tüte. Die trockenen Samen können gesäubert und verlesen werden. Das Trennen von Samen und Spreu ist eine Arbeit,

Samen sammeln

Pflanzen haben verschiedene Methoden entwickelt, um ihre Samen zu verbreiten, deshalb muß man den Zeitpunkt der Reife genau abpassen, um eine gute Ernte zu erzielen. Rechts ist anhand von einigen Beispielen gezeigt, wie die Fruchtstände von Wildblumen aussehen können. Darüber hinaus werden die besten Sammelmethoden beschrieben. Zur Aufbewahrung der Samen verwendet man Papiertüten oder große Briefumschläge.

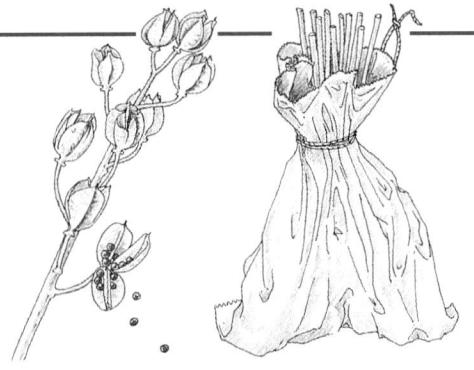

Mit feinen Härchen besetzte Samen, die der Wind sonst davonträgt, wie etwa die der Korbblütler (Compositae), oder nackte Samen, wie die der Doldenblütler (Umbelliferae), können einfach abgezupft und in Papiertüten gelagert werden.

Kapselförmige Fruchtstände, wie bei Fingerhut, Hasenglöckchen und Leimkraut, werden am besten vor dem Öffnen abgeschnitten und mit dem Kopf nach unten in Papiertüten gesteckt. Dann bewahrt man sie kühl und trocken auf, bis ihre Samen herausfallen.

Wildblumenfrüchte haben die unterschiedlichsten Formen und Größen, ihrer aller Aufgabe aber ist, die Samen, die sie enthalten, zu verbreiten. Um Samen zu sammeln, muß man die Eigenheiten jeder Pflanzenart kennen, zum Beispiel, wann die Samen reifen, wie gut sie sich aus der Fruchthülle lösen oder wie leicht sie sich von der Spreu trennen lassen. Das Sammeln von Samen kann viel Spaß machen, mitunter aber ist es auch mühselig.

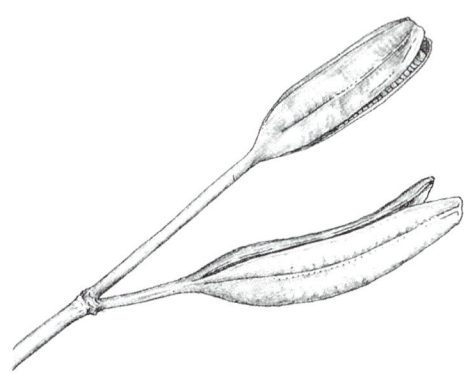

Einige Wildblumen, wie Iris und Lilien, haben große Samen, an die man nur herankommt, wenn man die Fruchtkapsel aufbricht.

Andere Fruchtstände, wie die des Storchschnabels, explodieren regelrecht, um die Samen weit fortzuschleudern. Man muß sie vorsichtig einzeln pflücken, dennoch werden viele dabei platzen. Vielleicht ziehen Sie es vor, eine Papiertüte über die Fruchtstände zu stülpen, bevor sie aufspringen.

Zu den wenigen beerentragenden Stauden gehören Christophskraut (Actaea) und Aronstab (Arum). Das Sammeln von Beeren ist einfach, aber ihre Samen sollten herausgeholt werden, solange das Fruchtfleisch noch weich ist. Wer nicht gleich Verwendung dafür hat, kann sie trocknen und an einem kühlen, trockenen Platz aufbewahren.

die ganz einfach, aber auch enorm frustrierend sein kann und Übung und Erfindungsgeist erfordert. Aber bei kleinen Mengen muß nicht alles peinlich sauber sein. Für die verschiedenen Samen können entsprechend grob- oder feinmaschige Siebe verwendet werden. Auch kann man versuchen, die Spreu behutsam wegzublasen. Das klappt jedoch nur bei Samen, die im Vergleich zur Spreu relativ schwer sind. Ich habe festgestellt, daß sich die Spreu in den meisten Fällen entfernen läßt, indem man eine gerade Kante, etwa ein Lineal, über eine Handvoll Samen zieht, die man auf einem Papier ausgestreut hat.

Am schwierigsten ist meiner Erfahrung nach das Herauslösen von Samen aus Beeren. Wer geschickt ist, kann große Samen mit den Fingern herausholen, in anderen Fällen weicht man die Beeren am besten in einer kleinen Menge Wasser ein und trennt dann auf einem Teller mit Hilfe eines Messers das Fleisch von den Samen. Lassen Sie Ihrer Phantasie freien Lauf, und experimentieren Sie mit verschiedenen Küchengeräten. Denken Sie aber daran, daß manche Beeren (etwa von *Actaea* oder *Arum*) giftig sind. Hier müssen Sie Ihre Hände und das verwendete Gerät anschließend sorgfältig waschen. Man sollte sich auch die Mühe machen, aus Beeren herausgelöste Samen zu säubern und zu waschen, da das Fruchtfleisch mitunter Stoffe enthält, die die Keimung hemmen.

Samen, die nicht sofort gesät werden, sollte man kühl, dunkel und trocken lagern. Zur Aufbewahrung verwendete luftdichte Behälter müssen absolut trocken sein, weil die Samen sonst rasch schimmeln. Ideal sind luftdichte Behälter mit etwas Feuchtigkeit resorbierendem Kieselgel-Silikat, die man bei wenigen Grad über Null im Kühlschrank lagert.

Wildblumensamen säen

In freier Natur gesammelte Samen werden, sobald sie reif sind, am besten wie unten beschrieben in Schalen gesät. Auch wenn Mohnsamen bis zu hundert Jahre keimfähig bleiben können, ist dies die Ausnahme; andere, wie etwa die von Seidenpflanzen *(Asclepias),* halten sich nur wenige Monate. Anders als bei Samen von gezüchteten Blumen- und Gemüsepflanzen, die im allgemeinen gleichzeitig und rasch aufgehen, kann es nicht im Interesse einer wilden Pflanze liegen, daß ihre Samen alle gleichzeitig keimen, weil ihre Sämlinge Gefahr laufen, durch Spätfrost oder Kaninchen alle auf einmal vernichtet zu werden. Das bedeutet, viele Wildblumensamen gehen nur sporadisch auf, andere überhaupt erst nach dem Winter.

Die meisten Wildstaudensamen keimen recht gut, und tatsächlich braucht die Mehrzahl von ihnen keine Kälteperiode, um aufzugehen, so daß man sie im Frühjahr säen kann. Viele der Pflanzen, die Frost benötigen, sind verwandt, deshalb läßt sich feststellen, welche Arten im Herbst gesät werden müssen. Zu ihnen gehören zahlreiche Mitglieder der nachfolgend aufgeführten Familien: Schwertliliengewächse *(Iridaceae),* Liliengewächse *(Liliaceae),* Narzissengewächse *(Amaryllidaceae),*

Samen stratifizieren

Beim Stratifizieren werden Samen Kälte ausgesetzt, bevor sie keimen. Man sät die Samen wie gewöhnlich in Schalen, setzt dann aber jede Schale in einen Folienbeutel (er wird zum Schutz vor Nagern verschlossen) und stellt sie während der Wintermonate nach draußen an einen schattigen Platz. Man kann die Samen aber auch mit feuchtem Sand mischen und einen Monat in den Kühlschrank stellen. Die Temperatur muß zwischen 0 und 4 °C liegen und darf nicht unter den Gefrierpunkt sinken, weil die Samen sonst Schaden nehmen können. Die zuletzt beschriebene Methode ist für Samen zu empfehlen, die im Frühjahr vom Händler gekauft wurden.

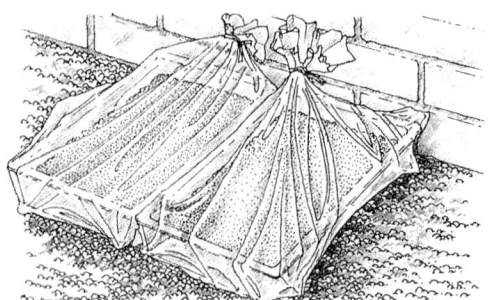

Wenn das Wetter wärmer wird, sollte man die Schale einmal in der Woche prüfen und die Beutel entfernen, sobald die Samen gekeimt sind.

Die Samen mit feuchtem Sand mischen und im Folienbeutel einen Monat in den Kühlschrank legen. Dann werden sie, noch feucht, gesät.

Primelgewächse *(Primulaceae)*, Hahnenfußgewächse *(Ranunculaceae)*, Rosengewächse *(Rosaceae)*, Doldenblütler *(Umbelliferae)* und Enziangewächse *(Gentianaceae)*. Von diesen Pflanzen sollte man die Samen im Herbst säen, damit sie den Winter über Kälte ausgesetzt sind, oder sie nach einer der auf der gegenüberliegenden Seite beschriebenen Methoden behandeln.

Falls Sie unsicher sind, ob eine bestimmte Art zum Keimen eine Kälteperiode braucht, säen Sie am besten einige Samen im Herbst und einige im Frühjahr und schreiben Sie die Ergebnisse auf. Dann können Sie immer wieder nachschlagen, wenn Sie die Samen in Zukunft noch einmal säen. Falls die Herbstsaat aufgeht, stellen Sie die Sämlinge über Winter in einen Kalten Kasten oder ein Gewächshaus und pikieren Sie sie im Frühjahr ins Freie. Geht sie nicht auf, ist vielleicht eine Kälteperiode für die Keimung erforderlich, die dann hoffentlich im Frühjahr erfolgt. Einige wenige Wildblumensamen keimen erst nach zwei Kälteperioden, wie die von Sterndolde *Astrantia* und Nieswurzen *(Helleborus)*. Letztere gehen allerdings rasch auf, wenn man sie ganz frisch sät.

Manche Samen, vor allem von Mitgliedern der Schmetterlingsblütler *(Leguminosae)* wie Wicken *(Vicia)*, Platterbsen *(Lathyrus)*, Lupinen *(Lupinus)* und Färberhülse *(Baptisia)*, sind sehr hart und müssen vor dem Säen eingeweicht werden. Man legt sie in ein Gefäß und übergießt sie mit Wasser, das gerade gekocht hat. Vor der Aussaat läßt man sie 24 Stunden quellen.

Aussaat in Schalen

Für die Aussaat in Schalen oder Kisten verwende ich normale Blumenerde, der ich ein Drittel Perlite hinzufüge, ein leichtes Material, das Durchlüftung und Durchlässigkeit des Substrats verbessert. Außerdem erleichtert es das Pikieren, weil sich die Wurzeln besser herausziehen lassen. Aussaaterde und Saatschalen müssen sterilisiert werden, weil sie möglicherweise Insekten und Erreger von Pilzerkrankungen beherbergen.

Die Samen werden dünn auf die Erde gesät. Samen, die größer als ein Sandkorn sind, sollten mit einer ganz dünnen Schicht Substrat (ohne Perlitezusatz) bedeckt werden, die im Idealfall nicht dicker als die Samen ist. Kleinere Samen werden am besten so dünn mit Sand bedeckt, daß noch Licht an sie gelangt. Anschließend wässert man die Töpfe oder Schalen, das heißt, man stellt sie ins Wasserbad und läßt sie anschließend mehrere Stunden abtrop-

fen. Eine kurze Dusche aus einer Gießkanne mit feiner Brause hilft dabei, daß sich die obere Erdschicht setzt, und sorgt gleichzeitig für einen guten Kontakt zwischen Samen und Substrat.

Dann stellt man die Schalen an einen schattigen Platz ins Freie. Ein Kalter Kasten ist dafür ideal. (Ein Kalter Kasten ist ein transportables Frühbeet ohne Bodenheizung, mit durchsichtiger Abdeckung zum Keimen von Samen oder Bewurzeln von Stecklingen.) Dagegen ist es nicht ratsam, die Schalen oder Kästen in ein Gewächshaus zu bringen, da hohe Temperaturen die Keimung verhindern oder zur Austrocknung der zarten Sämlinge führen können. Wo die Gefahr besteht, daß sich Nagetiere oder Schnecken über die Sämlinge hermachen, stellt man die Gefäße in Folienbeutel. Diese haben außerdem den Vorteil, daß sie das Wässern überflüssig machen und unerwünschte Samen und Sporen fernhalten.

Die Keimung ist immer ein magischer Augenblick, insbesondere bei selbstgesammelten Samen. Sobald die Sämlinge dann groß genug sind, kann man sie pikieren und in Töpfe setzen. Denken Sie daran, daß nicht alle die Entwicklungszeit überstehen, und topfen Sie daher einige zusätzliche Exemplare ein. Gewöhnlich ist es zu riskant, einzelne Sämlinge direkt auszupflanzen. Sicherer ist es, sie zunächst einige Monate in 8 cm großen Töpfen zu ziehen, bis sie groß genug sind und gewährleistet ist, daß sie gelegentliche Trockenheit oder Schneckenfraß überstehen.

Viele Samen keimen nur nach einer Kälteperiode, wodurch verhindert wird, daß die zarten Sämlinge während der kalten Wintermonate erscheinen. Der herrliche Frühlingsenzian *(Gentiana verna)* ist eine der üppig blühenden Arten, deren Samen nach der Kälteperiode im Frühjahr aufgehen.

Stecklinge

Für den Wildblumengärtner sind zwei Stecklingstypen von Interesse: grundständige Stecklinge, die im Frühjahr genommen werden, und im Frühjahr geschnitte krautige oder im Sommer und Herbst geschnittene halbharte Kopfstecklinge.

Grundständige Stecklinge

Grundständige Stecklinge sind junge Triebe, die unmittelbar nach dem Austrieb der Stauden im Frühjahr geschnitten werden. Es ist eine Vermehrungsmethode, die hauptsächlich bei Stauden mit hohlen Stengeln durchgeführt wird, da diese nicht durch Kopfstecklinge vermehrt werden können. Zu dieser Gruppe zählen zum Beispiel Rittersporn, Tränendes Herz und Lupinen. Man nimmt einen festen jungen Trieb, der gerade seine ersten Blätter entfaltet, und reißt ihn mit einem kräftigen Ruck nach unten ab, so daß ein Stück der Wurzelplatte am Steckling bleibt. Man kann die grundständigen Stecklinge auch mit einem Messer schneiden.

Die Stecklinge werden in Substrat gesetzt, und zwar in normale Blumenerde, die mit 50 Prozent Sand oder Perlite gemischt wird, um Durchlässigkeit und Durchlüftung zu verbessern. Die Blätter der einzelnen Stecklinge sollten sich wegen der Ausbreitung eventueller Pilzinfektionen nicht berühren. Diese Frühjahrsstecklinge bewurzeln sich gewöhnlich rasch und wachsen schnell, so daß Bewurzelungshormone im allgemeinen nicht notwendig sind.

Kopfstecklinge

Kopfstecklinge schneidet man unmittelbar unter einem Knoten, wo sich die wachstumsfördernden Stoffe meist konzentrieren. Diese Methode eignet sich für Holzpflanzen und daher für Sträucher, die sich in Heideland wohl fühlen, wie Heidekraut und Ginster, ebenso für zahlreiche Halbsträucher wie Salbei und Lavendel.

Um halbharte Stecklinge zu nehmen, schneidet man die Triebe direkt unterhalb von einem Blattknoten ab. Jeder Steckling braucht mindestens einen weiteren Knoten, da das neue Wachstum am ruhenden Auge zwischen Blatt und Stengel beginnt. Man kann auch Triebe zerteilen, um mehrere Stecklinge zu erhalten, doch muß jeder einen Knoten für die Entwicklung von Wurzeln besitzen und einen für einen neuen Trieb. Blätter, die möglicherweise in der Erde sitzen und faulen können, müssen abgestreift werden. Auch lange Stengelstücke über dem oberen Knoten sollte man deshalb abschneiden. Die unteren Enden der Stecklinge taucht man in Bewurzelungshormone und setzt sie dann in Stecklingssubstrat (siehe oben). Töpfe oder Schalen mit Stecklingen werden an einen hellen Platz, aber nicht direkt in die Sonne gestellt – ideal ist ein schattierter Kalter Kasten. Es ist sehr wichtig, regelmäßig zu prüfen, ob das Substrat gewässert werden muß. Abgestorbene Blätter und eingegangene Stecklinge sollten entfernt werden, um Pilzinfektionen zu vermeiden. Die Bewurzelung kann mehrere Wochen dauern. Danach gewöhnt man die Jungpflanzen am besten behutsam an die volle Sonne, bevor man sie eintopft oder auspflanzt.

Stecklinge abnehmen

Von beinahe jeder stark verzweigten Pflanze können grundständige Stecklinge genommen werden. Junge Triebe von Stauden, die sich zu Beginn des Frühjahrs entwickeln, sind sehr kräftig und können in überraschend kurzer Zeit zu neuen Pflanzen heranwachsen. Kopfstecklinge werden häufig zur Vermehrung krautiger und verholzender Pflanzen verwendet. Viele Arten lassen sich auf diese Weise schnell und einfach vermehren, wie etwa Zistrose und Heide, andere bewurzeln sich sehr viel langsamer.

Die Rißlingsvermehrung dient speziell der Anzucht von Gehölzen. Beim Abreißen des Triebes wird ein Stück des alten Holzes mitentfernt.

Einen Kopfsteckling schneidet man mit einem scharfen, sauberen Messer direkt unterhalb eines Blattknotens ab.

Teilung

Die Teilung ist eine ausgezeichnete Vermehrungsmethode für viele Wildblumenstauden, die nach außen wachsen, sowie für Gräser und einige Farne. Am einfachsten ist sie bei jenen Pflanzen, deren Triebe sich oberirdisch ausbreiten und dabei Wurzeln und Triebe entwickeln wie Günsel, Indianernessel oder die Sumpffarne. Bei diesen Arten kann man neue Pflanzen leicht erkennen und abtrennen. Ein wenig schwieriger ist es bei Gewächsen, die eine festere Wurzelkrone haben und bei denen man nicht ohne weiteres sehen kann, wo sich die zahlreichen Knospen befinden, wie etwa bei Garben, Schwertlilien und Goldruten. In diesen Fällen ist es oft am einfachsten, die Pflanzen auszugraben oder, bei sehr großen Exemplaren, mit dem Spaten ein Stück abzustechen, das dann in lebensfähige Teile zerlegt wird.

Bei der Teilung einer Pflanze sollte man versuchen, möglichst viele neue Stücke zu erhalten, von denen jedes aber eine Wurzel und einen Trieb haben muß. Das Teilen von Pflanzen kann harte Arbeit bedeuten. Falls es mit einem Hand- oder großen Spaten nicht gelingt, versucht man, die Pflanze mit zwei Grabgabeln auseinanderzudrücken. Mitunter kann man Pflanzen auch mit einem scharfen Messer zerteilen. Stücke in lebensfähiger Größe – vor allem Stücke mit zahlreichen Wurzeln – können wie neue Pflanzen behandelt und direkt an den vorgesehenen Platz gesetzt werden (siehe Seite 82). Kleine Stücke mit nur wenig Wurzeln werden am besten ein wenig gehegt und in ein Anzuchtbeet

oder Töpfe gesetzt, bis sie groß genug sind, um ins Freiland gesetzt zu werden. Die beste Zeit für die Teilung ist das Frühjahr, doch kräftig wachsende Arten wie Storchschnabel und Goldrute können fast immer geteilt werden, vorausgesetzt, die Erde ist ausreichend feucht, so daß sie ihre Wurzeln ausbreiten und anwachsen können.

Nicht geeignet für die Teilung sind Stauden, die nur einen Wachstumspunkt haben wie Mädesüß *(Filipendula vulgaris)* und viele Farne. Diese Pflanzen können nur durch Samen beziehungsweise bei Farnen durch Sporen vermehrt werden.

Die Moschusmalve *(Malva moschata)* ist eine Wildblume, die man sowohl durch Samen als auch durch Stecklinge vermehren kann, gewöhnlich wachsen Stecklinge aber schneller und kommen eher zur Blüte als aus Samen gezogene Pflanzen. Wie bei vielen Stauden werden Stecklinge am besten im Frühjahr abgenommen. Geeignet sind junge kräftige Triebe.

Pflanzen teilen

Die Teilung von Stauden ist eine meist erfolgversprechende Arbeit. Generell ist jede Pflanze dafür geeignet, die seitlich neue Triebe und Wurzeln entwickelt. Wird eine Pflanze zu Beginn der Wachstumsperiode geteilt, kann sich aus jedem Teil, der eine Wurzel und einen Trieb besitzt, innerhalb eines Monats eine kräftige neue Pflanze entwickeln.

Eine große Storchschnabelpflanze kann zur Vermehrung im Boden mit einem Spaten geteilt werden.

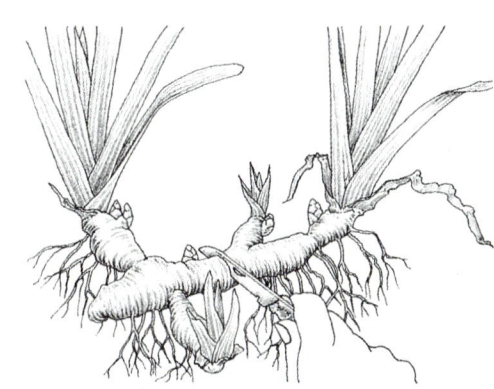

Pflanzen wie Iris müssen im allgemeinen ausgegraben werden, bevor man Wurzeln oder Rhizome teilen kann.

DAS GARTENJAHR

Die Wechsel der Jahreszeiten, die uns direkt in Berührung mit den Rhythmen der Natur bringen, sind ein sehr aufregendes Erlebnis, besonders wenn im eigenen Garten wilde Pflanzen wachsen. Mit den Jahreszeiten ändern sich auch die Arbeiten im Garten, doch ist es nicht notwendig, alle Aufgaben zu genau festgelegten Zeiten auszuführen. Entscheidender ist vielmehr, daß man das lokale Klima kennt und die anfallenden Arbeiten dem Wetter entsprechend erledigt und nicht nach dem Terminkalender.

Den Verlauf der Jahreszeiten zu beobachten ist mit das interessanteste an der Wildblumengärtnerei – den unendlichen Kreislauf von Wachstum, Blüte, Samenentwicklung und Tod. Einige Blumen, wie die hier gezeigten Narzissen und Schlüsselblumen, sind für uns mit allem, was Frühling bedeutet, so eng verbunden, daß sie fast ein Symbol für diese Jahreszeit sind. Und die Gänseblümchen auf dem Weg sind die ersten Vorboten des nahenden Sommers.

Frühling

Der Frühling ist vielen Gärtnern die liebste Jahreszeit, vor allem nach langen und strengen Wintern. Kaum etwas wird ungeduldiger erwartet als die ersten Frühlingsblumen, und selbst in kalten und stürmischen Perioden, in denen der Winter zurückzukehren scheint, sind sie ein untrügliches Zeichen, daß die wärmeren Tage nicht mehr fern sind. Die meisten wilden Frühlingsblumen besitzen Zwiebeln oder Knollen, in denen sie Nahrung speichern. Diese Nährstoffe erlauben ein rasches Wachstum, sobald sich der Boden zu erwärmen beginnt. Wildblumen des Waldes sind im Frühjahr am schönsten. Sie blühen und gedeihen, bevor die Bäume ausschlagen.

Viele Gärtner bevorzugen Zwiebelblumen, denn sie blühen nicht nur farbenfroh und zuverlässig, sondern haben auch einen sehr gleichmäßigen Wuchs. Darüber hinaus gibt es viele wilde Zwiebelblumenarten, die sich auf einer Vielzahl von Böden rasch einbürgern lassen. Als erste öffnen Krokusse und Schneeglöckchen ihre Blüten, oft bevor noch der Frühling richtig begonnen hat, dann folgen Narzissen, Hasenglöckchen, Tulpen und viele mehr. In den meisten Klimalagen lassen sich wilde Krokusse und Narzissen sehr leicht einbürgern und an sonnigen, trockenen Plätzen auch Tulpen. Tatsächlich stammen die meisten wilden Zwiebelblumen aus Regionen mit heißen, trockenen Sommern, ein Umstand, an den man denken sollte, wenn man in einem solchen Klima einen Garten plant.

Neben den Zwiebelblumen gibt es Waldpflanzen mit Knollen oder Rhizomen, wie zum Beispiel *Anemone*, Dreiblatt (*Trillium*), Blauglöckchen (*Mertensia*), Blutwurz (*Sanguinaria*) und Herzblume (*Dicentra*). Viele sind schwachwüchsig und schwierig zu vermehren. Daher sollte man darauf achten, daß die Pflanzen, die man kauft, aus einer Gärtnerei und nicht aus der Natur stammen. Einige besonders robuste Frühlingsblumen aber scheinen immer zu wachsen, sobald das Winterwetter mild genug ist. Kissenprimeln (*Pri-*

Die herrlichen Blüten des winterharten Alpenveilchens *Cyclamen coum*

mula vulgaris) und Veilchen (*Viola*) können sogar mitten im Winter ihre Blüten öffnen und blühen bis weit in den Frühling hinein. Diese beiden Pflanzen sind beliebt, da sie sich relativ rasch ausbreiten und gut vermehren lassen.

Zu den Wundern eines Waldes im Frühjahr gehören die bunten Blütenteppiche aus hellgelben Primeln, Veilchen und weißen Anemonen oder rosa Herzblumen (*Dicentra cucullaria*), weißem Dreiblatt (*Trillium*) und Blauglöckchen (*Mertensia*). Hier die richtige Mischung zu finden, ist der Schlüssel zu einer naturgetreuen Wildblumenpflanzung.

Später im Frühjahr, wenn fast schon der Sommer Einzug hält, wechseln die Farben aus dem tiefen Wald in den leichteren Schatten von Hecken und Lichtungen. Dies ist die Zeit, in der sich in lichtem Wald ein Meer von Hasenglöckchen (*Hyacinthoides non-scripta*) oder rosa *Phlox stolonifera* ausbreitet und an den Waldrändern Rote Lichtnelken (*Silene dioica*) und Sternmiere (*Stellaria graminea* sowie *S. holostea*) erscheinen oder sich die großen duftigen Blütenstände des Wiesenkerbel (*Anthriscus sylvestris*) öff-

nen. Vielerorts ist dies die farbenfroheste Zeit des Jahres, und man sollte sorgfältig überlegen, wie man daraus für den eigenen Garten Nutzen ziehen kann.

• Wildblumenrasen kann man bis zu den ersten Sommertagen ungestört wachsen und blühen lassen (siehe Seite 86); wenn sich Zwiebelblumen oder frühblühende Wildblumen darin befinden, ist dies sogar notwendig. Ansonsten hält man sie während der ersten Hälfte des Frühjahrs kurz (5 cm) und läßt sie dann wachsen.

• Frühlingsblumenwiesen sollten das ganze Frühjahr nicht geschnitten werden.

• Sommerwiesen können bis zum Spätfrühjahr 7 cm hoch gehalten werden. Das ist aber nur notwendig, wenn man die endgültige Höhe begrenzen will.

• Das um Zwiebelblumen wachsende Gras sollte erst gemäht werden, wenn deren Blätter gelb geworden sind, sonst blühen sie möglicherweise im folgenden Jahr nicht. Wer Gartenflächen umgestalten will, sollte vielleicht den Standort der Zwiebeln markieren, weil er sich später im Jahr vermutlich nicht mehr an ihn erinnert.

• Mulch sollte vor Frühjahrsende verteilt werden (siehe Seite 89), um die Feuchtigkeit zu bewahren, bevor der Sommer kommt.

• Zum erstenmal muß jetzt gejätet werden (siehe Seite 72), um Spontanvegetation zu entfernen, solange sie noch klein ist.

• Wer eine neue Fläche mit einer schwarzen Folie von Wildkräutern befreien will (siehe Seite 72), sollte das tun, sobald sich die heftigsten Winterwinde gelegt haben und die wildwachsenden Pflanzen noch nicht zu groß sind.

• Es kann immer noch gepflanzt werden (siehe Seite 82), zumindest in Regionen, in denen die Sommer nicht trocken sind. Doch je früher gepflanzt wird, um so leichter wachsen die Pflanzen an.

• Auf feuchten Flächen und an Teichen (siehe Seite 92) kann man im Spätfrühjahr Wildblumen pflanzen oder säen, wenn keine Gefahr mehr durch Überschwemmungen droht.

• Wiesen und andere großflächige Wildblumenbereiche (siehe Seite 78) werden so bald wie möglich nach Ende des Winters eingesät. Die Saat sollte etwas vor Vögeln geschützt werden.

• Acker- und andere einjährige Blumen sollte man kontinuierlich, das heißt einmal im Monat, auf verschiedene Stellen verteilt, säen (siehe Seite 98), damit nicht alle gleichzeitig blühen.

• Kleine Samenmengen können jetzt in Schalen oder Anzuchtbeete gesät werden (siehe Seite 101); später im Frühjahr oder im Sommer pflanzt man die Sämlinge dann aus.

• Stauden kann man teilen (siehe Seite 101), kurz bevor sie wieder zu wachsen beginnen. Das Frühjahr ist auch die beste Zeit, um weniger wuchsfreudige Arten und Gräser zu teilen.

• Von vielen Stauden kann man Stecklinge nehmen (siehe Seite 100), solange ihre Triebe noch klein sind (unter 7 cm). Werden sie in lockeres, offenes Substrat gesetzt und feucht gehalten, bewurzeln sie sich erstaunlich schnell.

Sommer

Während des Sommers sorgen im Wildblumengarten hauptsächlich Stauden in Rabatten, Wildblumenrasen und Wiesen für Farbe. Rasen mit Wildblumen wie Gänseblümchen (*Bellis perennis*), Klee (*Trifolium*) und anderen Wildblumen, die häufig als »Unkräuter« betrachtet werden, sind im Frühsommer am schönsten. Dann ist der grüne Untergrund mit einer Vielzahl von Farbtupfern übersät. Aber auch später gibt es noch bunte Blüten, vor allem die der unzähmbaren Braunelle (*Prunella vulgaris*).

Wiesen sehen meist um die Zeit des Hochsommers am schönsten aus, wenn die Vielfalt der Wildblumen überwältigend ist. Im Lauf der Jahre kommen neue Arten hinzu, die von außerhalb in den Garten einwandern. Diese Neuankömmlinge gehören zu den größten und schönsten Überraschungen in einer Wildblumenwiese. In den ersten Jahren werden wuchsfreudige Arten dominieren wie Margeriten (*Chrysanthe-*

Margeriten und Stiefmütterchen sind zwei schnellwachsende wilde Sommerblumen.

mum leucanthemum) und Flockenblumen (*Centaurea*). Diese und auch viele andere Korbblütler locken Schmetterlinge und andere Insekten auf die Wiese. Der Anblick von Schmetterlingen im Sommer ist ein ganz besonderes Vergnügen.

Mit Fortschreiten des Sommers nimmt die Zahl der Blüten auf der Wiese ab, und das Interesse richtet sich hauptsächlich auf die Wildblumen in Rabatten und an Hecken. Aber auch auf der Wiese gibt es noch bunte Farbtupfer, die die im Spätfrühjahr ausgesäten Ackerblumen und andere einjährige Wildblumen entstehen lassen.

Feuchtgebiete sind vom Hochsommer an am schönsten. Es ist immer wieder ein Erlebnis, das muntere Treiben summender Insekten an einem Teich oder Sumpf mit üppigen Pflanzen an einem warmen Sommertag zu beobachten. Die ersten blühenden Feuchtgebietspflanzen sind im Frühsommer Schwertlilien, die leider nie lang genug blühen. Ihnen folgen Felberich (*Lysimachia*) und Weiderich (*Lythrum*) sowie Mädesüß (*Filipendula*). Im Spätsommer ziehen die auffälligen scharlachfarbenen

Blüten von *Lobelia cardinalis* oder Malven (*Malva*) die Blicke auf sich.

Die höheren Wildblumen sorgen im Spätsommer für die meiste Farbe im Garten. Präriepflanzen wie Lupinen, Färberhülse (*Baptisia*) und die großartige Seidenpflanze (*Asclepias tuberosa*), die schon im Hochsommer schön aussehen, sind im Spätsommer am eindrucksvollsten. *Chloris*, *Vernonia* und Wasserdost (*Eupatorium*) ragen sogar mannshoch auf. Dann gibt es noch einige kleinere Spätsommerblumen, von denen die vielleicht farbenfroheste und nützlichste der Sonnenhut (*Rudbeckia fulgida*) ist, dessen lange Blühperiode ihn zu einer der herrlichsten Wildblumen für große wie für kleine Gärten macht.

Da die Bäume in dieser Zeit belaubt sind und wenig Licht auf den Waldboden gelangt, ruhen viele schattenliebende Pflanzen und nur wenige blühen. Aber im Schatten des Waldes ist viel schönes Laub zu sehen – etwa das filigraner Farne, der marmorierten Haselwurz (*Asarum*), des Salomonssiegel (*Polygonatum*) und der Schattenblume (*Smilacina*). In lichtem Schatten, beispielsweise auf Lichtungen oder an Hecken, gedeihen auch im Sommer Blumen. Tatsächlich bilden die sehr einfach zu ziehenden Fingerhüte (*Digitalis purpurea*) dichtwachsend einen besonders schönen Anblick im Wildblumengarten. Auch hohe Wald-Glockenblumen (*Campanula*) und Lilien sorgen während des Sommers in halbschattigen Bereichen für Farbe.

• Wässern sollte im Wildblumengarten keine große Rolle spielen, da es das Ziel ist, Pflanzen zu ziehen, die den vorhandenen Wachstumsbedingungen entsprechen. Neu bepflanzte oder frisch eingesäte Bereiche brauchen aber möglicherweise etwas Bewässerung. Sämlinge muß man behutsam gießen, weil sie sehr leicht fortgeschwemmt werden.

• Im Sommer muß auf jeden Fall gejätet werden (siehe Seite 72). Achten Sie vor allem in neuen Pflanzungen auf unerwünschte Spontanvegetation, die sich auf keinen Fall aussamen darf.

• Bevor Sie Flächen für neue Anlagen säubern, überprüfen Sie sie sorgfältig auf erhaltenswerte Pflanzen. Vielleicht können Sie vor dem Winter dort gar nichts tun, doch im Winter sehen Sie nicht, was dort wächst.

• Flächen, die bepflanzt werden sollen, können jetzt von unerwünschten Pflanzen und Kräutern befreit werden (siehe Seite 70–73). Herbizide (die man nach Möglichkeit meiden sollte) wirken bei warmem Wetter schneller, ebenso andere Methoden, wie zum Beispiel Umgraben. Wildkräuter, die man jetzt ausgräbt, welken bei trockenem, warmem Wetter rasch.

• Im Frühjahr gezogene Sämlinge und bewurzelte Stecklinge sollten jetzt ausgepflanzt werden (siehe Seite 96–100). Eine gründliche Bewässerung ist dabei sehr wichtig, am besten füllt man das Pflanzloch mit Wasser. Später muß gejätet und eventuell weiter gegossen werden.

• Im Sommer gepflanzte Blumen sollten gründlich gegossen und anschließend gemulcht werden, um die Bodenfeuchtigkeit zu bewahren und Spontanvegetation zu unterdrücken (siehe Seite 89).

• Wildblumenrasen müssen um die Sommermitte gemäht werden, weil sie sonst zu Wiesen heranwachsen. Von nun an mäht man sie alle paar Wochen bis zu einer Schnitthöhe von 8 cm.

• Frühjahrswiesen erhalten ihren Hauptschnitt im Hochsommer und werden bis zu 5–8 cm abgemäht. Danach läßt man sie bis zum Winter bei etwa 8 cm stehen.

• Sommerwiesen sollten erst wieder im Herbst oder Winter gemäht werden. Eine Ausnahme bilden Wiesen, auf denen man die Größe der hochwachsenden, spätblühenden Wildblumen begrenzen will. In diesem Fall kann im Hochsommer ein Nachschnitt erfolgen.

• Entfernen Sie das gesamte Schnittgut, damit sich die Bodenfruchtbarkeit nicht erhöht.

• Vom Hochsommer an kann man Stecklinge von Wildblumen nehmen (siehe Seite 100). Man stellt sie an einen kühlen Platz und entfernt alle paar Tage eventuell faulende Blätter.

• Mit dem Sammeln von Samen sollte man rechtzeitig beginnen – bei einigen Früh-

Die Fruchtstände der Echten Waldrebe (*Clematis vitalba*) ergänzen herbstlich gefärbte Sträucher.

jahrsblumen sind sie bereits im Hochsommer reif (siehe auch Seite 96).

Herbst

Leuchtendgefärbte Blätter und Beeren an Bäumen und Sträuchern gehören zu den für den Herbst typischen Attraktionen, doch es gibt auch eine ganze Reihe von Wiesenblumen, die bis zu den ersten Frösten blühen. Besonders schön sind Goldruten (*Solidago*) und Astern, die vor einem Hintergrund aus rot- und orangegefärbten Bäumen großartig aussehen. Viele Gräser sind im Herbst am schönsten, wenn die Samen in den Fruchtständen gereift sind und noch nicht von Vögeln gefressen wurden. Es lohnt sich, solche Gräser und Wildblumen in eine Wiese einzubeziehen, so daß sie auch in dieser Jahreszeit noch reizvoll aussieht.

Der Herbst sollte nicht als Abschluß des Gartenjahres angesehen werden, denn in vieler Hinsicht ist er ein Beginn. Traditionell ist jetzt Pflanzzeit, denn Pflanzen und vor allem Bäume und Sträucher wachsen

viel besser an, wenn sich ihre Wurzeln über Winter an den neuen Platz gewöhnen können. Herbst und Winter sind auch aus vielen Gründen die richtige Zeit, um im Garten neue Bereiche anzulegen.

• Säubern Sie den Boden für neue Pflanzungen (siehe Seite 72), denn jetzt ist die Zeit ideal, um Bäume, Sträucher und Stauden zu pflanzen. Die meisten Wildstauden können jetzt geteilt werden (siehe Seite 101), nur bei schwachwüchsigeren Stauden und Gräsern sollte man bis zum Frühjahr warten.

• Wiesen und andere Wildblumenbereiche werden eingesät, sofern das nicht bereits im Frühjahr geschehen ist (siehe Seite 78). In Gegenden, in denen keine anhaltende Kälte herrscht, kann die erste Herbsthälfte eine gute Zeit zum Säen sein, und ideal ist sie in Gebieten mit milden Wintern und heißen, trockenen Sommern.

• Befinden sich unter Ihren Wildblumensamen Frostkeimer (siehe Seite 98), säen Sie sie jetzt, entweder in Anzuchtbeete oder Saatkisten. Zum Schutz vor Nagern sollten sie in Folienbeutel gesteckt oder unter Folientunnel gestellt werden.

• Im Herbst, bevor der Winter kommt, ist es Zeit, den Garten aufzuräumen. Die abgestorbenen Triebe der Pflanzen können abgeschnitten und entfernt werden. Man kann sie kompostieren oder häckseln und als Mulch verwenden, etwa für Waldpflanzen, die gern in organischem Material wachsen (siehe Seite 89). Oder man verteilt den Mulch um neue Pflanzen, um Wildkräuter zu unterdrücken. Für Tiere ist es allerdings besser, wenn man die Aufräumarbeiten erst im Winter durchführt.

• Wiesen, die jetzt gemäht werden, sollten in 8 cm Höhe geschnitten werden.

• In Gebieten, in denen die Wintertemperatur ständig unter dem Gefrierpunkt liegt, kann man mit abgeschnittenen krautigen Pflanzenteilen die Wurzelkronen der Stauden abdecken, um sie zu schützen.

• Fallaub unter Bäumen kann zusammengerecht und um humusliebende Waldpflanzen verteilt werden. Gehäckselt sind die Blätter in der Konsistenz kompakter und können vom Wind nicht so leicht davongeweht werden.

• Herbst und Winter sind mitunter eine gute Zeit, um zu jäten, da weniger andere Pflanzen im Weg sind. Wo Spontanvegetation ein Problem ist, sollte eventuell eine Mulchdecke ausgebracht werden (siehe Seite 89), um das Keimen von Samen zu verhindern.

• Wo Zwiebelblumen wachsen werden, sollte man Gras und andere Pflanzen schneiden und entfernen, so daß die Zwiebelblumen im Frühjahr gute Startbedingungen haben.

• Zwiebeln sollten im Herbst gepflanzt werden, und zwar möglichst früh, da sie Wurzeln entwickeln, sobald sie in der Erde sind.

• Säen Sie kleine Mengen Ackerblumen oder einjährige Wiesenblumen aus (siehe Seite 84), aber lassen Sie reichlich Platz für Frühlingssaaten. Die im Herbst gesäten Blumen blühen im kommenden Jahr zuerst.

Winter

Ohne Zweifel ist der Winter eine recht stille Zeit im Garten, dennoch sollte man nichts unversucht lassen, sie etwas aufzuheitern. Es gibt Pflanzen, die dem Garten auch im Winter Schönheit und Reiz verleihen, und gerade ein Wildblumengärtner sollte diese Chance nutzen.

Von vielen Gräsern und Stauden bleiben skeletthafte Formen zurück, die zusammen mit den skulpturalen Konturen von Fruchtständen und Stengeln einen ganz eigenen Reiz haben. Abgestorbene Stengel kommen am besten in der Umgebung einer Wiese zur Geltung, wo sich die verschiedenen Pflanzen in ihrer Formenvielfalt gegenseitig ergänzen und mit Fortschreiten des Winters ein etwas ungeordneter Eindruck kein besonderes Problem darstellt. Fruchtstände haben im winterlichen Garten auch noch einen anderen Zweck: Sie locken kleine samenfressende Vögel wie Finken und Drosseln an.

Die reizvollsten Fruchtstände tragen die größeren Mitglieder der Korbblütler (Compositae) und der Kardengewächse (Dipsa-

Die hoch aufragenden Köpfe der Weberkarde *(Dipsacus sativus)* bilden im Winter einen reizvollen Blickfang.

caceae). Durch ihre Größe und ihre kräftigeren Konturen heben sie sich von den kleineren Stengeln der Gräser und Wildblumen ab. Zu den schönsten Fruchtständen gehören die von Kugeldistel *(Echinops)* und Edeldistel *(Eryngium)*, vor allen anderen aber die der Weberkarde *(Dipsacus sativus)*. Auch der Wasserdost bietet im Winter einen reizvollen Anblick, denn seine Stengel, an denen große, flaumige Fruchtstände stehen, sind allein schon durch ihre Größe beeindruckend. Auch bei den Gräsern sind die größten oft die schönsten, weil sie zum einen auffälliger sind und zum anderen länger aufrecht stehen. Die Gräser der japanischen Gattung *Miscanthus* sollten allein wegen ihres Aussehens im Winter zwischen Wildblumen wachsen. Mit ihrer eindrucksvollen Größe bilden sie zwischen niedrigeren Gräsern wundervolle Blickfänge, und im Gegenlicht der tiefstehenden Wintersonne leuchten ihre Fruchtstände in silbrigem Glanz. Stengel und Fruchtstände sind besonders bei Schnee reizvoll, weil sie mitunter das einzige sind, was im Garten über der weißen Schneedecke sichtbar ist.

Bei Sträuchern sind im Winter vor allem die Beeren eine besondere Attraktion, die außerdem Schwärme hungriger Vögel anlocken. Und gemischte Pflanzungen sind die beste Gewähr dafür, daß Sie sich möglichst lange an Beeren und Vögeln freuen können: Vögel sind nämlich äußerst wählerisch und machen sich zunächst oft nur über die Beeren bestimmter Pflanzen her, bevor sie sich den nächsten zuwenden.

Ob im Winter Blumen wachsen, hängt wesentlich vom lokalen Klima ab. Für Gegenden, in denen nicht ständig Schnee liegt, bieten sich verschiedene Pflanzen an – wie die Stinkende Nieswurz *(Helleborus foetidus)*, das außergewöhnliche kleine rosa Alpenveilchen *(Cyclamen coum)* oder Schneeglöckchen *(Galanthus nivalis)*, die sich alle an einem schattigen Platz im Garten leicht einbürgern lassen.

• Fahren Sie mit den im Herbst begonnenen Planungen und Pflanzungen fort. Der Winter ist eine gute Zeit, um große Projekte durchzuführen, bei denen etwa Erde bewegt, umgegraben oder gepflanzt wird, da jetzt weniger Pflanzen im Weg sind. Umgesetzte Sträucher oder Stauden trocknen während dieser Zeit nicht aus.

• Gegen Winterende sieht der Garten am pflegebedürftigsten aus. Selbst die majestätischen Distelstengel sind von Sturm und Regen zerzaust. Falls noch nicht geschehen, werden nun an einem schönen Tag die Wiesen gemäht und alle abgestorbenen Pflanzenteile entfernt (siehe Seite 87).

• Zahlreiche Wildstauden können jetzt geteilt und neu gepflanzt werden. Sie lassen sich leichter handhaben als mit Stengeln von 1 m Länge oder mehr und wachsen besser wieder an. Die Teilung von weniger kräftigen Pflanzen und Gräsern dagegen schiebt man bis zum Frühjahr auf.

• Die vergnüglichste Art der Gartenarbeit im Winter ist, sich am warmen Kaminfeuer mit den Möglichkeiten zu befassen, die die kommende Jahreszeit bietet. Jetzt ist auch die Zeit, um Gartenbücher und Samenkataloge zu studieren und Pläne für die Zukunft des Gartens zu machen.

DIE WICHTIGSTEN PFLANZEN FÜR DEN WILDBLUMENGARTEN

Aus der unendlichen Vielfalt von Wildblumen unterschiedlichster geographischer Regionen eine Auswahl zu treffen, ist nicht einfach. Ich habe hauptsächlich die Pflanzen aufgenommen, die mir am dankbarsten erscheinen, und dabei die Auswahl auf Stauden beschränkt. Zweifellos haben auch Einjahresblumen ihren Platz, ich glaube aber, daß Kontinuität und Zuverlässigkeit die Grundlage der Wildblumengärtnerei sind. Die hier aufgeführten Blumen sind unproblematisch und wachsen rasch an, darüber hinaus gewährleisten sie eine lange, farbenfrohe Blühperiode und haben alle schönes und reizvolles Laub.

Der Rote Fingerhut (*Digitalis purpurea*) ist eine der großartigsten Wildblumen, da er kaum Ansprüche stellt und herrlich gefärbt ist. In leichtem Schatten und nicht zu alkalischer Erde gedeiht er prächtig und läßt Kolonien wie diese entstehen.

Campanula rotundi-folia (Rundblättrige Glockenblume)

Achillea millefolium
(Schafgarbe)

Die Schafgarbe ist eine robuste Staude, die oft noch dort wächst, wo sonst nichts mehr gedeiht. Aber sie hat den Nachteil, daß sie zartere Pflanzen leicht erstickt. Im Hochsommer trägt sie flache weiße Blüten, und das dunkle filigrane Laub sieht das ganze Jahr über schön aus. Neben roten, gelben und rosa Sorten von *A. millefolium* gibt es weitere Garbenarten, die ebenso unkompliziert und dankbar sind, wie die *A. clavenae* (aus der auch Tee gegen Leber- und Magenleiden hergestellt wird). Eine ausgezeichnete Wiesenpflanze.
Größe: H und B: 30–60 cm. **Standort:** verhältnismäßig sonnig. **Frosthärte:** vollkommen winterhart. **Boden:** keine Ansprüche. **Vermehrung:** durch Teilung oder Samen. **Verbreitung:** Europa. **Pflanzpartner:** wuchsfreudige Pflanzen wie Storchschnabel (*Geranium*), Flockenblume (*Centaurea*), Goldrute (*Solidago*).

Ajuga reptans
(Kriechender Günsel)

Eine vielseitig verwendbare kleine Wildblume, die sich für Hecken, Feuchtwiesen oder Halbschatten eignet und lange Zeit schön aussieht. Im Spätfrühjahr trägt sie reinblaue Blüten, und ihre bronzefarbenen Blätter sind den ganzen Sommer hindurch schön. Durch kriechende Ausläufer breitet sie sich rasch und üppig aus.
Größe: H: 10–15 cm; B: 60 cm. **Standort:** Sonne und Schatten. **Frosthärte:** vollkommen winterhart. **Boden:** feuchte, nahrhafte Erde. **Vermehrung:** durch Teilung oder Samen. **Verbreitung:** Europa. **Pflanzpartner:** kleine Farne wie Frauenfarn (*Athyrium filix-femina*), Storchschnabel (*Geranium*), Veilchen (*Viola*), Kissenprimel (*Primula vulgaris*) und Scharbockskraut (*Ranunculus ficaria*).

Althaea siehe *Hibiscus*

Anemone
(Windröschen, Anemone)

Windröschen sind klassische Frühlingsblumen, die auf Waldböden üppige Teppiche aus zarten weißen Blüten bilden. Drei Arten sind sich sehr ähnlich: das europäische Buschwindröschen (*A. nemorosa*) und die nordamerikanischen Arten *A. caroliniana* und *A. quinquefolia*. Von *A. blanda* gibt es eine Vielzahl von Formen in verschiedenen Farben, darunter Blau, Rosa und Weiß.
Größe: H: 15 cm; B: 20 cm. **Standort:** Schatten. **Frosthärte:** vollkommen winterhart. **Boden:** fruchtbare, humusreiche Erde. **Vermehrung:** durch Samen (sie keimen langsam) und Teilung der Knollen. **Pflanzpartner:** kleine Frühlingsblumen

wie Veilchen (*Viola*), Kissenprimeln (*Primula vulgaris*) und Zwiebelblumen wie *Scilla* und *Chionodoxa*.

Asclepias
(Seidenpflanze)

Die von Schmetterlingen vielbesuchte Seidenpflanze verleiht mit ihren in Büscheln stehenden aparten Blüten dem Wildblumengarten eine ungewöhnliche Note. Besonders farbenprächtig ist sie im Hochsommer, häufig blüht sie noch länger. Am schönsten ist *A. tuberosa* mit ihren leuchtendorangefarbenen Blüten an 60 cm hohen Stengeln. *A. incarnata* hat weiße oder rosa Blüten und 90 cm lange Stengel. *A. syriaca* mit ihren reizvollen breiten Blättern ist ähnlich, kann aber wuchern. Alle Arten eignen sich gut für Wiesen.
Größe: H: 30 cm. **Standort:** volle Sonne. **Frosthärte:** vollkommen winterhart. **Boden:** jede durchlässige Erde. **Vermehrung:** durch frische Samen oder Stecklinge (vorsichtig verpflanzen, da die langen Pfahlwurzeln leicht Schaden nehmen). **Verbreitung:** Nordamerika. **Pflanzpartner:** Sommerwiesen- oder Prärieblumen wie Lupinen und Färberhülse (*Baptisia*).

Aster

Die Rauhblattaster *A. novae-angliae* ist ein beliebter Herbstbote mit malvenfarbenen oder blauen Korbblüten, die an 90–150 cm hohen, dünnen Stengeln stehen. Als wuchsfreudige Pflanze eignet sie sich am besten für eine Wiese, einen Präriegarten oder eine große Wildblumenrabatte. Andere Astern, die vom Spätsommer bis zu den ersten Frösten blühen, sind die 30–60 cm hohe *A. divaricatus* (ausgezeichnet für schattige Bereiche geeignet), *A. ptarmicoides* mit 30–45 cm Höhe und kleinen weißen Blüten, die für trockene Stellen geeignet ist, sowie *A. ericoides*, ebenfalls für trockene Bereiche. Sie entwickelt eine Fülle weißer Blüten, wird bis zu 90 cm hoch und ebenso breit.

Größe: H und B: 60–90 cm. **Standort:** am besten volle Sonne, verträgt aber auch etwas Schatten. **Frosthärte:** vollkommen winterhart. **Boden:** keine Ansprüche; je magerer der Boden, desto kompakter der Wuchs. **Verbreitung:** Nordamerika; in Europa eingeführt. **Pflanzpartner:** kräftige, späte Wildblumen wie Goldrute (*Solidago*), Sonnenhut (*Rudbeckia*), Wasserdost (*Eupatorium*), *Vernonia* sowie auffällige Gräser.

Baptisia
(Färberhülse)

Diese aparte, wuchsfreudige Pflanze reichert den Boden mit Stickstoff an. *Baptisia australis* trägt im Spätfrühjahr blaue Schmetterlingsblüten und hat schönes, blaugrünes Laub, während die weißen Blüten von *B. leucantha* wunderbar mit den dunklen Blättern kontrastieren. Es sind große, langlebige Pflanzen, die mitunter nur schwer anwachsen und mit Sorgfalt plaziert werden sollten, da sie beträchtlichen Schaden nehmen, wenn man sie umsetzt. Wegen ihrer beachtlichen Größe eignen sie sich nur für den Hintergrund einer Rabatte, für hohe Wiesen oder Präriegärten.

Größe: H und B: 90 cm. **Standort:** volle Sonne. **Frosthärte:** übersteht keine strengen Winter. **Boden:** jede durchlässige Erde. **Vermehrung:** durch Samen (vor der Aussaat in sehr heißem Wasser einweichen).

Verbreitung: Mitte und Süden der USA; in europäischen Gärten eingeführt. **Pflanzpartner:** große Präriegräser und Wildblumen wie *Helianthus, Heliopsis, Solidago, Coreopsis, Asclepias.*

Bellis perennis
(Gänseblümchen)

Das Gänseblümchen ist eine der verbreitetsten Wildblumen und leicht anzusiedeln. Ein Rasen, der vom Frühjahr bis zum Sommer mit den weiß-gelben Blüten durchsetzt ist, ist immer eine besondere Augenweide.

Größe: H: 10 cm; B: 8 cm. **Standort:** volle Sonne. **Boden:** jede durchlässige Erde. **Verbreitung:** Europa. **Pflanzpartner:** verträgt keine Konkurrenz, deshalb nur mit anderen kleinen Pflanzen zusammensetzen wie Schlüsselblumen (*Primula veris*) und Hornklee (*Lotus corniculatus*).

Blaue Himmelsleiter siehe *Polemonium caeruleum*

Blaustern siehe *Hyacinthoides*

Braunelle siehe *Prunella vulgaris*

Campanula
(Glockenblume)

Glockenblumen lassen im Hochsommer schöne blaue oder malvenfarbene Farbtupfer entstehen. Die Rundblättrige Glockenblume (*C. rotundifolia*) mit ihren anmutigen blaßblauen Glocken und drahtigen Stengeln gehört zu den reizvollsten Arten. Sie gedeiht gut auf magerem, trockenem Boden in der Sonne, sofern größere Pflanzen keine zu starke Konkurrenz bilden. Sie wird 13 cm hoch und ebenso breit.

Anemone nemorosa
(Buschwindröschen)

Ähnliche Bedingungen braucht die Knäuel-Glockenblume (*C. glomerata*) mit ihren dunkelpurpurnen, dichtstehenden Blüten. Sie wird 20–30 cm hoch und bis zu 30 cm breit. Einige Glockenblumen lieben eine waldige Umgebung. Die Breitblättrige Glockenblume (*C. latifolia*), die manchmal auch weiße Blüten hat und 60 cm hohe Stengel, gehört zu den schönsten. Die Nesselblättrige Glockenblume (*C. trachelium*) ist ähnlich, wirkt etwas robuster und hat blassere Blüten. Insgesamt gibt es ungefähr 300 auf der nördlichen Halbkugel verbreitete Arten, davon etwa 18 in Deutschland. **Standort:** unterschiedlich, der jeweiligen Art ensprechend. **Frosthärte:** vollkommen winterhart. **Boden:** vorzugsweise kalkige Erde. **Vermehrung:** durch Teilung oder Samen. **Verbreitung:** Europa; Nordamerika. **Pflanzpartner:** andere Wildblumen ähnlicher Größe und Wüchsigkeit wie Roter Fingerhut (*Digitalis purpurea*) und Große Sterndolde (*Astrantia major*).

Centaurea nigra
(Schwarze
Flockenblume)

Centaurea
(Flockenblume)

Flockenblumen blühen im Hochsommer, oft auch noch länger, und locken Schmetterlinge und Bienen an. Alle sind wuchsfreudige Wiesenblumen. Die Schwarze Flockenblume (*C. nigra*) hat dunkelrosa Blütenköpfe; und die Skabiosen-Flockenblume (*C. scabiosa*) ist eine prächtige Pflanze mit großen rosa Blütenköpfen und reizvoll geteilten Blättern. Eine ganze Wiese mit diesen Blumen ist ein großartiger Anblick. Die Berg-Flockenblume

(*C. montana*) hat große blaue Blütenköpfe, die über graufilzigen Blättern stehen. Aber auch viele andere Arten eignen sich ausgezeichnet für den Wildblumengarten.
Größe: H: 30–60 cm; B: 20–60 cm, je nach Art. **Standort:** volle Sonne. **Frosthärte:** vollkommen winterhart. **Boden:** durchlässige, vorzugsweise kalkige Erde. **Vermehrung:** durch Samen. **Verbreitung:** Europa. **Pflanzpartner:** andere starkwüchsige Wiesen-Wildblumen wie Korbblütler, Skabiosen, Storchschnabel (*Geranium*) und 30–60 cm hohe Gräser.

Chrysanthemum leucanthemum siehe *Leucanthemum vulgare*

Chrysogonum virginianum

Diese Pflanze gehört zu den wenigen Korbblütlern, die etwas Schatten vertragen, ist ein ausgezeichneter grün-goldener Bodendecker und ebenso geeignet, eine einfarbige Pflanzung interessant zu strukturieren wie ein grün-weißes oder blaugrünes Farbspiel zu ergänzen. Es sind verschiedene Cultivare erhältlich, von denen einige besonders kompakt sind. Im Frühjahr entwickeln sie über eine lange Zeit gelbe Blüten, oft bis in den Sommer hinein.
Größe: H: 15–45 cm, je nach Sorte; B: 30 cm. **Standort:** Sonne oder Halbschatten. **Frosthärte:** vollkommen winterhart. **Boden:** durchlässige, vorzugsweise magere Erde. **Vermehrung:** am besten durch Teilung. **Verbreitung:** Nordamerika. **Pflanzpartner:** andere niedrige Waldblumen, die im Spätfrühjahr blühen, wie die kleine *Iris cristata*, Wiesen-Storchschnabel (*Geranium pratense*), *Heuchera* und Schaumblüte (*Tiarella*).

Coreopsis
(Mädchenauge)

Wie kleine Sonnen wirken die gelben Korbblüten von *Coreopsis*, einer der sehr vielseitig verwendbaren Gattungen unter den unkomplizierten Wildblumen, die sich zu Beginn und Mitte des Sommers öffnen. Die kompakte *C. verticillata* erreicht 45–75 cm Höhe, hat hellgelbe Blüten und schmale Blätter. Sie eignet sich am besten für Rabatten und formal gestaltete Bereiche. *C. auriculata* wird nicht höher als 30–45 cm und gehört zu den wenigen Korbblütlern, die im Schatten gedeihen. Für Wiesen und Präriegärten wählt man besser die größeren, weniger kompakten Arten wie etwa *C. lanceolata* und *C. palmata*. Sie erreichen ohne weiteres 1 m Höhe und samen sich bereitwillig aus.
Größe: B: etwa 30 cm, unabhängig von der Höhe. **Standort:** volle Sonne. **Frosthärte:** vollkommen winterhart. **Boden:** jede durchlässige Erde. **Vermehrung:** durch Samen. **Verbreitung:** Nordamerika. **Pflanzpartner:** mindestens 30 cm hohe Gräser und andere Wiesenpflanzen, vor allem purpurnblühende Arten wie Storchschnabel (*Geranium*) und Indianernessel (*Monarda*).

Daucus carota
(Wilde Möhre)

Diese wuchsfreudige, sich üppig aussamende Wiesenpflanze ist vor allem für schwierige, von Spontanvegetation dominierte Standorte zu empfehlen. Ihre an weiße Spitze erinnernden Blüten sind sehr dekorativ, und auch im Hochsommer bieten das filigrane Laub und die Fruchtstände einen reizvollen Anblick. Die Fruchtstände können getrocknet für Sträuße verwendet werden.

Größe: H: 45–60 cm; B: 30 cm. **Standort:** Sonne, verträgt aber auch etwas Schatten. **Frosthärte:** vollkommen winterhart. **Boden:** keine Ansprüche, bevorzugt aber trockene, magere Erde. **Verbreitung:** Europa. **Pflanzpartner:** alle Arten, die so robust sind, daß sie nicht erstickt werden. Perfekte Partner sind die wunderhübsch blaublühende Wegwarte oder Zichorie (*Cichorium intybus*) sowie der Wiesen-Storchschnabel (*Geranium pratense*) und andere große Storchschnabelarten.

Digitalis purpurea
(Roter Fingerhut)

Einen spektakulären Anblick im Wildblumengarten bietet eine lichte, mit hohen, tiefrosa Blütenständen des Fingerhutes bedeckte Waldfläche. Am besten gedeiht der Fingerhut auf Boden, der durch Forstarbeiten bewegt wurde. Er ist zweijährig, das bedeutet, er geht nach der Blüte im zweiten Sommer ein, bildet aber massenhaft Samen aus. Damit Fingerhut kontinuierlich gedeiht, muß der Boden gelegentlich geharkt werden, um die Ansiedlung von ausdauernden Gräsern und Wildblumen zu verhindern und den verstreuten Samen eine Chance zum Keimen zu geben. Neben der besonders intensiv gefärbten *D. purpurea* gibt es noch andere, zwar kurzlebige, aber unkomplizierte Arten.
Größe: H: 60–150 cm; B: 45 cm. **Standort:** Sonne oder Halbschatten. **Frosthärte:** vollkommen winterhart. **Boden:** durchlässige, saure oder neutrale Erde. **Vermehrung:** durch Samen. **Verbreitung:** West- und Mitteleuropa. **Pflanzpartner:** Farne (siehe Seite 114), Akelei (*Aquilegia*), Storchschnabel (*Geranium*),

Hasenglöckchen (*Hyacinthoides* syn. *Scilla*), Wolfsmilch (*Euphorbia*), waldbewohnende Glockenblumen (*Campanula*).

Echinacea purpurea
(Roter Sonnenhut)

Sehr auffälliger Korbblütler, dessen große Blüten sich zur Sommermitte öffnen. Für Rabatten wie auch Wiesen und Präriegärten sind sie unentbehrlich.
Größe: H: 120 cm; B: 45 cm. **Standort:** Sonne. **Frosthärte:** vollkommen winterhart. **Boden:** jede durchlässige Erde. **Verbreitung:** Nordamerika; in Europa in Gärten eingeführt. **Pflanzpartner:** Seidenpflanzen (*Asclepias*), hohe Gräser, Prachtscharte (*Liatris*) und Mädchenauge (*Coreopsis*).

Eibisch siehe *Hibiscus*

Erythronium
(Hundszahn)

Diese frühjahrsblühende Waldblume hat hübsch marmoriertes Laub, sehr anmutige Blüten und wird am besten in Gruppen gepflanzt. Eine kleinere Art ist das creme- oder lavendelfarben blühende *E. denscanis. E. umbilicatum* wiederum hat gelbe und purpurne Blüten, und *E. albidum* blüht reinweiß. Alle breiten sich mit der Zeit aus.
Größe: H: 10–25 cm. **Standort:** Schatten. **Frosthärte:** vollkommen winterhart. **Boden:** feuchte, saure, humusreiche Erde. **Vermehrung:** durch Teilung oder Samen (keimen langsam). **Verbreitung:** Europa; Nordamerika. **Pflanzpartner:** Dreiblatt (*Trillium*), Blutwurz (*Sanguinaria*), *Dicentra* und *Phlox stolonifera*.

Eupatorium
(Wasserdost)

Daucus carota
(Wilde Möhre)

Die besondere Attraktion dieser Wildblumen ist der zarte, duftige Charakter ihrer Blütenstände, vor allem, wenn sie im Spätsommer mit Schmetterlingen bedeckt sind. *E. maculatum* und *E. fistulosum* sind die größten (bis zu 2,5 m), *E. purpureum* und *E. dubium* sind etwas kleiner (0,9–2 m). Alle blühen blaßrosa. Die großen Arten eignen sich, um Rabatten Struktur zu verleihen. *E. cannabinum* (bis 1,2 m) ist ähnlich, aber schattenverträglicher.

113

Filipendula ulmaria
(Echtes Mädesüß)

Zwei der kleineren Arten (bis 75 cm), die sich für leichten Schatten eignen, sind *E. coelestinum* mit zarten blauen und *E. rugosum* mit weißen Blüten. Beide sehen, großflächig in lichtem Wald wachsend, phantastisch aus. Sie breiten sich leicht aus und entwickeln reichlich Samen.
Größe: B: meist etwa die Hälfte der Höhe (sie oben). **Standort:** Sonne, sofern nicht anders angegeben. **Frosthärte:** winterhart, ausgenommen *E. coelestinum*, das unter –5 °C nicht überlebt. **Boden:** keine Ansprüche, bevorzugt aber feuchte Erde. **Vermehrung:** durch Teilung und Samen. **Verbreitung:** Nordamerika; *E. cannabinum* Europa. **Pflanzpartner:** spätblühende, wuchsfreudige Wildblumen wie Goldrute (*Solidago*), *Vernonia* und Sonnenhut (*Rudbeckia*).

Euphorbia
(Wolfsmilch)

Die Wolfsmilch ist eine seltsame Pflanze, deren Blüten von für sie ty-

pischen grünen Hochblättern umgeben sind. Sie wird viel wegen ihrer zarten gelbgrünen Töne gezogen, die Rabatten mit den Farben konventioneller Pflanzen gut ergänzen. Viele Arten sind unkompliziert und wuchsfreudig und daher für den Wildblumengarten gut geeignet. Die Mandel-Wolfsmilch (*E. amygdaloides*) ist beliebt, weil sie selbst unter trockenen, schattigen Bedingungen das ganze Jahr hübsch aussieht. Sie trägt interessante dunkle Blätter und im Frühjahr frischgrüne Blütenstände. Die ähnliche *E. robbiae* hat einen gleichmäßigen Wuchs, dunkelgrüne, glänzende Blätter und die Eigenschaft, sich unter trockenen Bedingungen auszubreiten. Die Sumpf-Wolfsmilch (*E. palustris*) bevorzugt feuchten Boden und bildet eine kompakte Pflanze, die im Frühjahr blaßgrüne Blüten und im Herbst leuchtendorangefarbene Blätter hat.
Größe: H: 30–75 cm; B: 45–75 cm. **Standort:** Sonne und Schatten. **Frosthärte:** vollkommen winterhart. **Boden:** keine Ansprüche. **Vermehrung:** durch Teilung, Samen oder Stecklinge. **Verbreitung:** Europa. **Pflanzpartner:** Wolfsmilch paßt zu den meisten Wildblumen, besonders hübsch aber sieht sie mit blaßgelben oder violetten Frühjahrsblumen aus wie Kissenprimeln (*Primula vulgaris*) oder Veilchen (*Viola*).

Färberhülse siehe *Baptisia*

Farne

Farne sind konkurrenzlose Blattpflanzen für schattige Plätze. Der Frauenfarn (*Athyrium filix-femina*) ist ein mittelgroßer Farn (45 cm) und für fast alle schattigen Stellen geeignet. Sumpffarne (*Thelypteris-*

Arten) haben eine ähnliche Größe, breiten sich besonders gut aus und bilden mit der Zeit eine Bodendecke aus frischgrünem filigranem Laub. Engelsüß (*Polypodium vulgare*) ist eine kleine Art (30 cm) mit relativ wenig geteilten Blättern, die nicht nur am Boden wächst, sondern unter feuchten Bedingungen auch Bäume erobert. Für kühle, feuchte Böden eignet sich hervorragend der Straußenfarn (*Matteuccia struthiopteris*), der eine bis zu 120 cm hohe Blattrosette bildet. Ähnlich sieht der Gemeine Wurmfarn (*Dryopteris filix-mas*) aus, der auch trockenen Schatten verträgt. Ein weiterer immergrüner Farn für diese Bedingungen ist der Schildfarn (*Polystichum acrostichoides*), der bis 45 cm hoch wird.
Standort: für die meisten Farne Halbschatten oder Schatten (nicht dunkel); je trockener der Boden, um so mehr Schatten ist notwendig. **Frosthärte:** je nach Art unterschiedlich. **Boden:** die meisten brauchen Erde, die nicht austrocknet. **Vermehrung:** einige Arten durch Teilung, sonst durch Sporen (für Laien nicht ganz einfach). **Verbreitung:** je nach Art unterschiedlich. **Pflanzpartner:** andere Waldpflanzen; eine schöne Ergänzung sind weiße Blüten oder Pflanzen mit kontrastierendem Laub wie *Pachysandra, Asarum, Arisaema, Ajuga* und *Arum*.

Filipendula
(Mädesüß, Spierstaude)

Die Zartheit ihrer Blüten und ihr süßer Duft machen diese Sommerblume zu einer Besonderheit. Das Echte Mädesüß (*Filipendula ulmaria*) wächst üppig auf feuchtem Boden und trägt an 60–120 cm hohen Stengeln cremefarbene Blüten. Das

Kleine Mädesüß (*F. vulgaris*) hat duftige weiße Blüten und farnartiges Laub. Es gedeiht auf trockenerem Boden, wird aber nur 45 cm hoch. *F. rubra* ist rosa und erreicht 2 m Höhe.

Größe: B: 20–30 cm. **Standort:** Sonne oder leichter Schatten. **Frosthärte:** vollkommen winterhart. **Boden:** jede, vorzugsweise feuchte Erde. **Vermehrung:** durch Teilung oder Samen. **Verbreitung:** Europa; Nordamerika. **Pflanzpartner:** wächst am besten für sich.

Fingerhut siehe *Digitalis purpurea*

Flammenblume siehe *Phlox*

Flockenblume siehe *Centaurea*

Gänseblümchen siehe *Bellis perennis*

Garbe siehe *Achillea millefolium*

Gelenkblume siehe *Physostegia*

Geranium
(Storchschnabel)

Der robuste, anpassungsfähige und farbenfrohe Storchschnabel breitet sich aus, ohne zu wuchern. Zweifellos ist dies eine der schönsten Pflanzengattungen für den Wildblumengarten, aber ebenso gut eignet sie sich für Rabatten. Meist wachsen die Arten kompakt und unterdrücken Spontanvegetation, auf Wiesen allerdings breiten sie sich kriechend aus.

Geranium endressii ist eine mittelgroße Art (30–45 cm) mit rosa Blüten, die sich gut ausbreitet. Ganz ähnlich ist *G. versicolor* mit seinen hübschen geäderten Blüten. Das tiefrosa *G. ›Claridge Druce‹* ist eine größere Sorte (75 cm), die es mit den robustesten Wildkräutern aufnimmt und sich freigebig aussamt. Diese drei Formen blühen vom Spätfrühjahr bis zum Frühsommer. Sehr schön breitet sich auch *G. macrorrhizum* aus, das im Spätfrühjahr rosa blüht und bis 45 cm hoch wird. Zu den kompaktesten Formen gehört mit 30 cm Höhe der im Frühsommer blühende Blutstorchschnabel (*G. sanguineum*), der meist recht intensive rosa Blüten hat, aber es gibt auch blaßrosa und malvenfarbene Formen. *G. ibericum* und *G. × magnificum* wachsen buschig (bis 60 cm) und tragen im Hochsommer violette Blüten; *G. ›Johnson's Blue‹* hat eine ähnliche Höhe und tiefblaue Blüten. Der Wiesenstorchschnabel (*G. pratense*) blüht im Frühsommer blaßblau. Er ist eine schöne Wiesenpflanze mit 30–75 cm Höhe, die den Halt anderer Pflanzen benötigt. Auch der rosablühende Angerstorchschnabel (*G. pyrenaicum*) muß zwischen anderen Pflanzen wachsen, die seine Stengel stützen. Der Braune Storchschnabel (*G. phaeum*) ist eine buschige Art (bis 60 cm) mit geheimnisvoll dunklen Blüten, die sich im Spätfrühjahr öffnen. Zur gleichen Zeit blüht der Waldstorchschnabel (*G. sylvaticum*), der 45–60 cm hoch wird und malvenfarbene, rosa oder weiße Blüten hat.

Größe: B: meist etwa die Hälfte der Höhe, mit der Zeit bilden die Pflanzen aber große Büsche. **Standort:** Sonne oder Halbschatten. **Frosthärte:** vollkommen winterhart. **Boden:** keine Ansprüche, am besten ist aber feuchte, fruchtbare Erde. **Vermehrung:** durch Teilung oder Samen (das Sammeln ist zeitraubend). **Verbreitung:** Europa. **Pflanzpartner:** Farne (siehe Seite 114), höhere Blütenstauden, Mädesüß (*Filipendula*), Wasserdost (*Eupatorium cannabinum*) und Glockenblumen (*Campanula*).

Glockenblume siehe *Campanula*

Goldrute siehe *Solidago*

Gräser

Gräser bilden in Wiesen und Prärien den größten Pflanzenanteil, und man sollte sie nicht nur als Hintergrund für Wildblumen betrachten. Die durch Samen oder Teilung vermehrten Gräser (und ihre Verwandten, die Seggen und Simsen) sind selbst wunderschöne Pflanzen, die oft reizvolles Laub, anmutige Blüten und Fruchtstände entwickeln. Die Fruchtstände sind im Winter besonders wirkungsvoll, vor allem, wenn alles andere im Garten unter einer Schneedecke liegt.

Die im Abschnitt über den Präriegarten (siehe Seite 50–51) beschriebenen Gräser eignen sich auch sehr gut für alle anderen Arten von Wildblumengärten oder Rabatten. Dasselbe gilt für die Hirseart *Panicum amarum* (siehe Seite 66–67). Zu den eindrucksvollen Gräsern, die jeder sonnigen Pflanzung Höhe geben, gehören *Miscanthus sinensis, M. floridulus* und *Spodiopogon sibiricus*, die 1,5–2 m hoch werden, in wärmeren Klimalagen auch höher.

Athyrium filix-femina (Frauenfarn)

Hyacinthoides nonscripta (Hasenglöckchen)

Das bis zu 90 cm hohe Federborstengras (*Pennisetum*) gehört mit seinen anmutigen Fruchtständen mit zu den schönsten Gräsern. Das Pfeifengras (*Molinia caerulea*) gedeiht gut auf mageren, sauren Böden und wächst in dichten, bis 45 cm hohen Büschen. Für Schatten gibt es nur wenige geeignete Gräser. Zwei – allerdings sehr unterschiedliche – sind die Rasenschmiele (*Deschampsia caespitosa*) und *Chasmanthium latifolium* syn. *Uniola latifolia*. *Deschampsia* wird bis 75 cm hoch und hat hohe, zarte Rispen aus winzigen Blüten. Sie benötigt sauren Boden und breitet sich rasch aus. *Chasmanthium* erreicht über 90 cm Höhe und trägt breite Blätter und große Büschel aus haferähnlichen Samen.

Hainsimsen (*Luzula*) sind Gräsern sehr ähnlich, bevorzugen aber feuchtere Standorte. Sie sind nicht sehr auffallend, aber reizvoll und gedeihen oft an Plätzen, die für die meisten Gräser zu schattig sind. Die Schneeweiße Hainsimse (*L. nivea*) hat hübsche weiße Blütenstände, die im Spätfrühjahr an 60 cm hohen Stengeln erscheinen, und behaarte, dunkelgrüne, grasähnliche Blätter. Die Wald-Hainsimse (*L. sylvatica*) hat braune Blüten und sehr attraktives dunkelgrünes Laub, das in dichten Büschen steht. Zur Blütezeit ist sie 75 cm hoch. Sie breitet sich beständig aus, ohne zu wuchern.

Die Hängesegge (*Carex pendula*) ist eine auffällige, majestätische Pflanze von 90 cm Höhe, die an sonnigen oder leicht schattigen Uferbereichen wächst. Sie hat gerippte Blätter und hängende braune Blüten und Fruchtstände, die vom Frühjahr bis in den Herbst hinein dekorativ aussehen.

Günsel siehe *Ajuga reptans*

Hahnenfuß siehe *Ranunculus*

Heliopsis helianthoides
(Sonnenauge)

Diese gelbe, margeritenähnliche Blume blüht von Hochsommer bis Frühherbst. Es sind mehrere Sorten erhältlich, von denen sich einige für Rabatten vielleicht besser eignen als die ursprünglichen Arten, die in Wiesen oder Präriegärten hübsch aussehen.

Größe: H: 1,2–1,5 m; B: 75 cm. **Standort:** Sonne. **Frosthärte:** winterhart. **Boden:** jede nicht zu trockene Erde. **Vermehrung:** durch Samen. **Verbreitung:** Nordamerika. **Pflanzpartner:** andere Pflanzen mit großen Korbblüten in kontrastierenden Farben, wie Roter Sonnenhut (*Echinacea purpurea*), Prachtscharte (*Liatris*) und Indianernessel (*Monarda*).

Helleborus foetidus
(Stinkende Nieswurz)

Alle Nieswurz-Arten eignen sich gut für den Wildblumengarten, da sie einen robusten Wuchs, hübsches immergrünes Laub und Winterblüten haben. *H. foetidus* aber ist besonders zu empfehlen. Er bildet runde Büschel aus dunkelgrünen, glänzenden Blättern, über denen ab Wintermitte herrliche, seltsam grüne Blüten ihre Köpfe neigen. Er kann sich rasch aussamen.

Größe: H und B: 90 cm. **Standort:** Sonne und Schatten. **Frosthärte:** vollkommen winterhart. **Boden:** jede durchlässige Erde. **Vermehrung:** durch Teilung oder Samen (sie entwickeln sich reichlich, müssen aber frisch gesät werden). **Verbreitung:** Europa. **Pflanzpartner:** Wolfsmilch (*Euphorbia*), Farne (siehe Seite 114), Storchschnabel (*Geranium*) und Fingerhut (*Digitalis*).

Hibiscus
(Eibisch)

Die riesigen Blüten dieser großartigen Pflanze sorgen im Wildblumengarten für eine exotische Note. Der Sumpfeibisch (*Hibiscus moscheutos*) trägt an 1,5 m hohen Stengeln große offene Blüten in allen Tönen von Rot bis Weiß. Daneben gibt es noch andere staudige Hibiskusarten; die spektakulärste ist *H. coccineus*, deren scharlachrote Blüten sich an 2,5 m hohen Stengeln wiegen. Allerdings ist sie empfindlich gegen große Kälte. Eng verwandt ist die Samtpappel (*Althaea officinalis*), mit zartrosa Blüten an kräftigen, 90 cm hohen Stengeln. Alle Formen eignen sich gut für Rabatten, Wiesen oder Feuchtbiotope und blühen im Spätsommer.

Größe: B: 60 cm. **Standort:** volle Sonne. **Frosthärte:** verträgt bis –8 °C. **Boden:** feuchte Erde. **Vermehrung:** durch Stecklinge oder Samen. **Verbreitung:** *Hibiscus:* Nordamerika; *Althaea:* Europa. **Pflanzpartner:** müssen groß und eindrucksvoll sein, damit sie optisch nicht erdrückt werden – möglich sind hohe Gräser, *Vernonia* und *Eupatorium.*

Hasenglöckchen siehe *Hyacinthoides*

Hohe Primel siehe *Primula*

Hundszahn siehe *Erythronium*

Hyacinthoides (syn. *Scilla*)
(Blaustern, Hasenglöckchen)

Hasenglöckchen (*H. non-scripta* syn. *Scilla non-scripta*) haben grüne, grasartige Blätter und in Trauben stehende blauviolette Blüten, die im späten Frühjahr in Waldgebieten einen spektakulären Anblick bieten. Glücklicherweise breiten sie sich viel schneller aus als die meisten anderen Zwiebelblumen im Garten. *H. hispanica* ist eine kräftigere Pflanze, die dichte Büschel bildet.
Größe: H: 20–30 cm; B: 10 cm. **Standort:** Schatten. **Frosthärte:** vollkommen winterhart. **Boden:** leichte, vorzugsweise saure Erde. **Vermehrung:** Kauf von Zwiebeln; Samen brauchen mehrere Monate zum Keimen, und Pflanzen blühen erst nach mehreren Jahren. **Verbreitung:** Europa. **Pflanzpartner:** Rote Lichtnelke (*Silene dioica*), Sternmiere (*Stellaria*), Wiesenkerbel (*Anthriscus sylvestris*) und verwandte Wildblumen sowie Kissenprimel (*Primula vulgaris*).

Indianernessel siehe *Monarda*

Iris
(Schwertlilie)

Schwertlilien gehören zu einer außerordentlich vielseitigen Gattung. Den Wildblumengärtner interessieren vor allem jene Arten, die im Wasser und in nasser Erde, also nahe an einem Teich oder anderen Gewässer gedeihen. Die Wasser-Schwertlilie (*I. pseudacorus*) ist eine wuchsfreudige, große Pflanze (90–150 cm) für Teichränder. Weitere Wasser-Arten sind *I. versicolor* mit blauvioletten Blüten und 60–90 cm Höhe. *I. hexagona* ist von gleicher Größe mit helleren Blüten, und die schlanke *I. prismatica* wird nur 30–60 cm hoch und hat besonders anmutige blauviolette Blüten. Nur wenige Schwertlilien vertragen Schatten, doch die hübsche kleine *I. cristata* (10–20 cm) mit ihren blauen Blüten kann auf schattigen sauren Böden als Bodendecker verwendet werden. Alle Arten blühen im Spätfrühjahr.
Größe: 45 cm. **Standort:** Sonne. **Frosthärte:** winterhart; etwas weniger kälteresistent ist *I. hexagona.* **Boden:** am besten ist nasse Erde oder ein Teichufer. **Vermehrung:** durch Teilung; aus Samen gezogene Pflanzen blühen möglicherweise erst nach Jahren. **Verbreitung:** Nordamerika; *I. pseudacorus* ist in Europa heimisch. **Pflanzpartner:** andere Feuchtgebietspflanzen mit kontrastierendem Laub wie Felberich (*Lysimachia*), Weiderich (*Lythrum*), Sumpfdotterblume (*Caltha*) und Uferzonen-Farne wie etwa *Osmunda.*

Jakobsleiter siehe *Polemonium caeruleum*

Jupiterblume siehe *Lychnis*

Klee siehe *Trifolium*

Knautia siehe *Scabiosa*

Kuckucksnelke siehe *Lychnis*

Lamium
(Taubnessel)

Taubnesseln sind völlig unproblematische Wildblumen, die im Frühjahr und Frühsommer lange Zeit für Farbe sorgen. Darüber hinaus gibt es viele Sorten mit reizvollen panaschierten, immergrünen Blättern. Sie eignen sich gut als Füllelemente für triste, halbschattige Ecken. Die Weiße Taubnessel (*L. album*) gehört zu den schönsten; dann gibt es noch die robuste Gefleckte Taubnessel (*L. maculatum*) mit rosa Blüten und die kurzlebige, aber sich stets regenerierende Purpurrote Taubnessel (*L. purpureum*), eine sehr anpassungsfähige Pflanze, die

Iris cristata (Iris)

an den meisten Plätzen gedeiht. Oft wird sie als »Unkraut« behandelt, was schade ist, denn sie wirkt sehr dekorativ und blüht lange Zeit. Die Goldnessel (*L. galeobdolon*) hat einen ähnlichen Wuchs wie *L. purpureum*.
Größe: H: 20–50 cm; B: 60 cm. **Standort:** Sonne und Halbschatten. **Frosthärte:** vollkommen winterhart. **Boden:** keine Ansprüche. **Vermehrung:** durch Teilung und Stecklinge. **Verbreitung:** Europa. **Pflanzpartner:** gedeiht am besten mit anderen sich ausbreitenden Pflanzen wie Günsel (*Ajuga*), Storchschnabel (*Geranium*) und Rote Lichtnelke (*Silene dioica*).

Lathyrus siehe *Vicia*

Leimkraut siehe *Silene*

Lychnis flos-cuculi
(Kuckucksblume)

Leucanthemum vulgare
(syn. *Chrysanthemum leucanthemum*)
(Wiesenmargerite)

Dieser weiß-gelbe Korbblütler ist eine klassische Wildblume des Hochsommers. Sie ist sehr wuchsfreudig und kann eine neu angelegte Wiese im ersten Jahr überwuchern. Eine ideale Pflanze für schlechten Boden. Zartere Pflanzen sollten nicht in Reichweite stehen.
Größe: H: 45–75 cm; B: 60–90 cm. **Standort:** Sonne. **Frosthärte:** vollkommen winterhart. **Boden:** jede Erde, magerer Boden beschränkt jedoch das Wachstum. **Vermehrung:** durch Teilung und Samen. **Verbreitung:** Europa. **Pflanzpartner:** braucht wuchsfreudige Partner wie Garbe (*Achillea*), Goldrute (*Solidago*) oder Wiesenstorchschnabel (*Geranium pratense*).

Lichtnelke siehe *Lychnis*

Lilium
(Lilie)

Lilien sind majestätische, nicht ganz leicht anzusiedelnde Pflanzen, doch es lohnt die Mühe. Für schattige Wildblumengärten eignen sich am besten der Türkenbund (*L. martagon*) mit seinen nickenden rosapurpurnen Petalen und *L. superbum*, die ähnliche orangefarbene Blüten mit purpurnen Flecken hat. *L. canadense* ist eine wunderschöne gelbe Blume für sonnigere Gärten. Alle genannten Arten blühen im Hochsommer.
Größe: H: 90–200 cm; B: 30–45 cm. **Frosthärte:** winterhart. **Boden:** humusreiche, feuchte, aber durchlässige Erde. **Vermehrung:** durch Samen, sie keimen langsam. **Ver-

breitung:** Europa; Nordamerika. **Pflanzpartner:** am besten eignen sich niedrigere, kompakte Pflanzen wie der Storchschnabel (*Geranium*), die nicht von der anmutigen Schönheit ablenken.

Lupine siehe *Lupinus perennis*

Lupinus perennis
(Lupine)

Ein Lupinenfeld im Frühsommer ist ein blaufunkelndes Blütenmeer. Lupinen sind ausgezeichnete Wiesen- und Präriepflanzen, außerdem ist ihr Wuchs ausreichend kompakt für Rabatten.
Größe: H: 30–60 cm; B: 60 cm. **Standort:** volle Sonne. **Frosthärte:** vollkommen winterhart. **Boden:** jede durchlässige Erde. **Vermehrung:** durch Samen (sie müssen in sehr heißem Wasser eingeweicht werden); nur Jungpflanzen versetzen. **Verbreitung:** östliches Nordamerika. **Pflanzpartner:** andere sommerblühende Prärieblumen, wie Seidenpflanzen (*Asclepias*); auch gelbe Korbblütler wie Heliopsis passen gut zu dem Blau der Lupine.

Lychnis
(Lichtnelke, Vexiernelke, Jupiterblume, Kuckucksnelke)

Diese fröhlichen rosa Wildblumen, die rasch wachsen und sich schnell aussamen, lassen sich leicht in Wiesen oder Rabatten ansiedeln. Die Vexiernelke (*L. coronaria*) hat weißfilzige Blätter und leuchtendrosa Blüten. Ähnlich ist auch die Jupiterblume (*L. flos-jovis*), die aber in einem ungewöhnlich tiefen Kirschviolett blüht. Die Kuckucksnelke (*L. flos-cuculi*) hat rosarote

Blüten mit vierspaltigen Petalen. Alle blühen im Frühsommer.
Größe: H: 45–90 cm; B: 45 cm. **Standort:** Sonne. **Frosthärte:** vollkommen winterhart. **Boden:** keine Ansprüche; die Kuckucksnelke bevorzugt feuchte Erde. **Vermehrung:** durch Teilung oder Samen. **Verbreitung:** Europa. **Pflanzpartner:** die Kuckucksnelke gedeiht gut mit anderen Wildblumen, die feuchte Plätze bevorzugen, wie Wiesen-Schaumkraut (*Cardamine pratensis*) und Schachbrettblume (*Fritillaria meleagris*). Die anderen sehen zwischen Gräsern hübsch aus. Zu allen passen weiße Blumen besonders gut.

Mädchenauge siehe *Coreopsis*

Mädesüß siehe *Filipendula*

Malve siehe *Malva*

Malva
(Malve)

Die unkomplizierten, dankbaren Malven mit ihren rosa Blüten breiten sich an jedem sonnigen Platz aus. Sehr reizvoll ist die Moschusmalve (*M. moschata*), eine ideale Wiesenpflanze mit zartrosa Blüten und einer Höhe von 30–60 cm. Das Sigmarskraut (*M. alcea*) sieht fast gleich aus, ist aber doppelt so groß. Die Algiermalve (*M. sylvestris*) wiederum wächst als Wildkraut auf Brachland, wird 90 cm hoch und hat geäderte rosa Blüten. Besonders großartig ist die Form *M. sylvestris mauritiana*, die doppelt so groß wird und große samtige Blüten hat, allerdings nur bedingt winterhart ist. Alle Malven-Arten blühen im Sommer.
Größe: B: 45–60 cm. **Standort:** volle Sonne. **Frosthärte:** winterhart. **Boden:** keine Ansprüche. **Vermehrung:** durch Samen oder Stecklinge.

Verbreitung: Europa. **Pflanzpartner:** blaue und purpurne Wildblumen wie *Geranium pratense*.

Monarda
(Indianernessel)

Unübertroffen sind die kräftigen Farbtupfer, die die Indianernessel im Spätsommer in Wiesen oder Präriegärten entstehen läßt. Dabei entwickelt *M. didyma* scharlachrote Blüten, und *M. fistulosa* blüht zart fliederfarben. Darüber hinaus existieren viele Cultivare in einer großen Palette von Purpur- und Violettönen.
Größe: H: 90 cm; B: 45 cm. **Standort:** volle Sonne. **Frosthärte:** vollkommen winterhart. **Boden:** *M. didyma* braucht feuchten Boden; *M. fistulosa* gedeiht besser an trockenen Stellen. **Vermehrung:** durch Teilung, Samen oder Frühjahrsstecklinge. **Verbreitung:** Nordamerika; anderswo in Gärten eingeführt. **Pflanzpartner:** Gelbe *Rudbeckia* und Goldrute (*Solidago*). Wasserdost (*Eupatorium*) und *Vernonia* erfordern ähnliche Bedingungen und sind ebenfalls gute Ergänzungen.

Nachtkerze siehe *Oenothera*

Nieswurz siehe *Helleborus foetidus*

Oenothera
(Nachtkerze)

Die zarten Petalen der Nachtkerze bieten im Sommer einen bezaubernden Anblick. Die Pflanze breitet sich stark aus und ist daher für Standorte wie Wiesen mit viel Spontanvegetation ideal. Am schönsten sind *O. speciosa* und *O. fruticosa*.
Größe: H und B: 30–75 cm. **Stand-**

Monarda fistulosa (Indianernessel)

ort: volle Sonne. **Frosthärte:** vollkommen winterhart. **Boden:** jede durchlässige Erde. **Vermehrung:** durch Samen. **Verbreitung:** Europa; Nordamerika. **Pflanzpartner:** Malven (*Malva*), Mädchenauge *(Coreopsis)* und Flockenblume (*Centaurea*), die Bienen und Schmetterlinge, vor allem den Großen Schekkenfalter anzieht.

Phlox
(Flammenblume)

Diese Gattung umfaßt eine große Zahl von Wildblumen und auch einige bekannte Gartenblumen. Phlox hat nicht nur eine enorme Vielfalt an Formen und Strukturen zu bieten, sondern vor allem eine reiche Palette an Farben – Rosa, Lavendel, Weiß und Blau in allen Nuancen –, mit der Pflanzungen gestaltet und ergänzt werden können. Phlox sollte nur in großzügigen Gruppen gepflanzt werden.
P. paniculata und *P. carolina* sind

zwei von mehreren Phlox-Arten, die etwa 90 cm hoch werden und vom Hoch- bis zum Spätsommer blühen. Diese größeren Arten gedeihen am besten auf fruchtbarem Boden an einem leicht schattigen Platz. Es gibt auch eine Auswahl kleinerer frühlingsblühender Arten, die unter waldigen Bedingungen im Schatten und in saurer Erde wachsen. *P. divaricata* und der kriechende *P. stolonifera* werden 20–30 cm hoch und breiten sich bis etwa 45 cm aus. Letzterer eignet sich besonders als Bodendecker. **Frosthärte:** alle genannten Formen sind winterhart. **Boden:** jede fruchtbare Erde (siehe auch oben). **Vermehrung:** durch Teilung oder Samen. **Verbreitung:** Nordamerika; anderswo in Gärten eingebürgert. **Pflanzpartner:** Storchschnabel (*Geranium*) für höhere Arten, *Dicentra* für kleinere.

Polemonium caeruleum (Jakobsleiter)

Physostegia virginiana
(Gelenkblume)

Die Gelenkblume mit ihren leuchtendrosa Spätsommerblüten wuchert leicht. Ihre sich rasch ausbreitenden Wurzeln sind in Rabatten eine Plage, nicht aber im Wildblumengarten.
Größe: H: 60–90 cm; B: 90 cm. **Standort:** Sonne oder Halbschatten. **Frosthärte:** vollkommen winterhart. **Boden:** feuchte Erde. **Vermehrung:** durch Teilung oder Samen. **Verbreitung:** Nordamerika; anderswo in Gärten eingeführt. **Pflanzpartner:** wuchsfreudige Feuchtgebietspflanzen wie Blutweiderich (*Lythrum salicaria*), Wasserdost (*Eupatorium*), *Vernonia* und Schwertlilien.

Polemonium caeruleum
(Jakobsleiter, Blaue Himmelsleiter)

Eine schöne Wiesenblume mit lavendelblauen Hochsommerblüten, die sich üppig aussamt. *P. caeruleum album* blüht reinweiß.
Größe: H: 30–90 cm; B: 45 cm. **Standort:** Sonne. **Frosthärte:** winterhart. **Boden:** jede durchlässige Erde. **Vermehrung:** durch Samen. **Verbreitung:** Europa. **Pflanzpartner:** blaßrosa Moschusmalven (*Malva moschata*), purpurne Flockenblumen (*Centaurea*) und rosa Storchschnabel (*Geranium*).

Primula
(Kissenprimel, Schlüsselblume, Hohe Primel)

Die Kissenprimel (*P. vulgaris*) ist ein beliebter Frühlingsbote und eine äußerst dankbare Wildblume. Ihre sich ständig vermehrenden blaßgelben Blüten schmücken vor allem waldige Flächen. Noch üppiger gedeihen Schlüsselblumen (*P. veris*). Sie bevorzugen offenere Bedingungen und blühen im Spätfrühjahr in kräftigem Gelb. Die Hohe Primel (*P. elatior*) trägt an einem langen Schaft blaßgelbe Blüten.
Größe: H: 10–15 cm; B: 15–30 cm. **Standort:** leichter Schatten; Schlüsselblumen bevorzugen Sonne. **Boden:** jede durchlässige, aber nicht zu trockene Erde. **Vermehrung:** durch Teilung oder durch Samen, die aber erst nach einem Jahr keimen. **Verbreitung:** alle genannten Arten sind europäisch. **Pflanzpartner:** kleine Frühlingsblumen wie Narzissen, Anemonen und Veilchen.

Prunella vulgaris
(Braunelle)

Sie gehört zu den robustesten und anpassungsfähigsten kleinen Wildblumen und hat purpurne Blüten, die sich fast den ganzen Sommer halten. Sie breitet sich rasch aus und wächst am besten mit anderen kleinen Pflanzen, etwa in einem Wildblumenrasen. Die Gemeine Braunelle ist eine ungewöhnlich schöne Blume, die dekorative Farbelemente oder ganze Blütenteppiche bildet und zahlreiche Insekten wie Bienen und Schmetterlinge anlockt.
Größe: H: 10–30 cm; B: 30 cm. **Standort:** Sonne oder Halbschatten. **Frosthärte:** vollkommen winterhart. **Boden:** jede fruchtbare Erde. **Vermehrung:** durch Teilung oder Samen. **Verbreitung:** Europa; Asien. **Pflanzpartner:** kleine Pflanzen wie Gänseblümchen (*Bellis*), Klee (*Trifolium*), Hornklee (*Lotus*) und Günsel (*Ajuga*).

Rauhblattaster siehe *Aster*

Ranunculus
(Hahnenfuß, Scharbockskraut)

Von diesen populären gelben Wildblumen, die in den meisten gemäßigten Zonen der Erde wachsen, werden einige als Wildblumen betrachtet, viele aber auch gehegt. Das Scharbockskraut (*R. ficaria*) ist eine kleine (8–15 cm), sich rasch ausbreitende Pflanze, die im Frühjahr glänzende gelbe Blüten trägt. Sie bevorzugt Schatten und wächst in Gras. Der Scharfe Hahnenfuß – oder Butterblume – (*R. acris*) ist eine der meistverbreiteten Arten und läßt sich an einem sonnigen Platz leicht ansiedeln. Er wird 20–45 cm hoch und trägt Anfang und Mitte des Sommers gelbe Blüten. Eine andere, etwas größere Wiesenpflanze (45–75 cm), die im Frühsommer blüht, ist der wunderhübsche weiße Eisenhut-Hahnenfuß (*R. aconitifolius*). Eine 1,5 m hohe Art ist der Zungen-Hahnenfuß (*R. lingua*), der sich an Gräben und Teichrändern stark ausbreitet. Seine gelben Blüten öffnen sich im Frühsommer. **Größe:** B: wie Höhe (siehe oben). **Standort:** Sonne. **Frosthärte:** vollkommen winterhart. **Boden:** jede, vorzugsweise feuchte Erde. **Vermehrung:** durch Teilung und Samen. **Verbreitung:** Europa. **Pflanzpartner:** andere schnell wachsende Frühsommerblumen, violette und purpurne Blumen.

Roter Sonnenhut siehe *Echinacea purpurea*

Rudbeckia
(Sonnenhut)

Der Sonnenhut gehört für mich zu den fünf schönsten Wildblumen für den Garten. Er ist unkompliziert, wächst kräftig und blüht üppig im Spätsommer und Herbst. *R. fulgida* und die Sorte ›Goldsturm‹ bilden 45–75 cm hohe, kompakte Pflanzen, deren zahllose gelbe Blüten dunkle Scheiben haben. Sie eignen sich ausgezeichnet für Rabatten. Die sehr ähnliche *R. hirta* dagegen ist eine gute Wiesenpflanze. *R. triloba* ist etwas höher (60–150 cm) und hat ähnliche Blüten. **Größe:** B: 60 cm. **Standort:** Sonne oder etwas Schatten. **Frosthärte:** vollkommen winterhart. **Boden:** fruchtbare, durchlässige Erde. **Vermehrung:** durch Teilung oder Samen. **Verbreitung:** Nordamerika; in europäischen Gärten eingeführt. **Pflanzpartner:** hohe Gräser, *Aster*, *Monarda* und *Vernonia*.

Scabiosa
(Skabiose)

Die Skabiose ist eine der schönsten Wiesenblumen für den Sommer und lockt viele Schmetterlinge an. Die Taubenskabiose (*S. columbaria*) trägt über Monate an 20–75 cm langen Stengeln blaßlavendelfarbene Blüten. Die engverwandte Acker-Knautie (*Knautia arvensis*) hat ähnliche Blüten und 30–90 cm hohe Stengel, während die Blüten von *K. macedonica* ungewöhnlich tiefrosalila gefärbt sind. **Größe:** B: 30 cm. **Standort:** volle Sonne. **Frosthärte:** vollkommen winterhart. **Boden:** vorzugsweise trockene, kalkige Erde. **Vermehrung:** durch Samen. **Verbreitung:** Europa. **Pflanzpartner:** Flockenblumen (*Centaurea*), Wiesenstorchschnabel (*Geranium pratense*), Nachtkerze (*Oenothera*) und Reseda.

Schafgarbe siehe *Achillea millefolium*

Scharbockskraut siehe *Ranunculus*

Scabiosa columbaria
(Taubenskabiose)

Schlüsselblume siehe *Primula*

Schwertlilie siehe *Iris*

Scilla siehe *Hyacinthoides*

Seidenpflanze siehe *Asclepias*

Silene
(Leimkraut)

Diese Gattung umfaßt sehr unterschiedliche farbenfrohe, meist im Spätfrühjahr und Frühsommer blühende Wildblumen. Eine großartige Pflanze ist die Rote Lichtnelke (*S. dioica*), die eigentlich tiefrosa Blüten hat. Sie ist völlig problemlos und gedeiht in einer Vielzahl von Lebensräumen wie Wiesen, Hecken oder lichtem Wald und samt sich schnell aus. Die Weiße Lichtnelke (*S. alba*) dagegen ist nicht ganz so kräftig. *S. virginica*, eine herrliche karminrote Waldpflanze, blüht im Frühjahr. **Größe:** H: 30–60 cm; B: 45 cm. **Stand-**

Trifolium pratense und *T. repens* (Rotklee und Weißklee)

ort: leichter Schatten oder Sonne. **Frosthärte:** vollkommen winterhart. **Boden:** jede durchlässige Erde. **Vermehrung:** durch Teilung, Samen oder Stecklinge. **Verbreitung:** Europa; Nordamerika. **Pflanzpartner:** Hasenglöckchen (*Hyacinthoides non-scripta*), Sternmiere (*Stellaria*), Wiesenkerbel (*Anthriscus sylvestris*) und verwandte Pflanzen wie Süßdolde (*Myrrhis odorata*).

Skabiose siehe *Scabiosa*

Solidago
(Goldrute)

Es gibt unzählige Goldruten-Arten. Fast alle sind groß und kräftig, aber man findet auch einige zwergige Arten und Sorten. Zur Besiedelung von verwucherten Flächen und zur Aufheiterung trostloser Herbsttage gibt es kaum eine Pflanze, die geeigneter wäre. Für den Garten sind die Arten zu empfehlen, die sich nicht aggressiv ausbreiten, wie *S. odora*, *S. sempervirens*, *S. ulmifolia* und die einzige nicht goldgelb blühende Art, die cremefarbene *S. bicolor*. Für Wiesen, Präriegärten oder problematische Standorte sind die wuchsfreudigeren Arten *S. canadensis*, *S. altissima* und *S. gigantea* sehr nützlich. Alle blühen im Spätsommer und Frühherbst und locken Schmetterlinge an.
Größe: H: 75–150 cm; B: 60 cm. **Standort:** Sonne oder leichter Schatten. **Frosthärte:** vollkommen winterhart. **Boden:** jede durchlässige Erde. **Vermehrung:** durch Teilung oder Samen. **Verbreitung:** Nordamerika; in Europa eingeführt. **Pflanzpartner:** hohe, eindrucksvolle Gräser und malvenfarbene bis tiefpurpurne Blumen wie Aster und *Vernonia*. In der Natur wächst Goldrute mit Wasserdost (*Eupatorium*) und *Rudbeckia*.

Sonnenauge siehe *Heliopsis helianthoides*

Sonnenhut siehe *Rudbeckia*

Spierstaude siehe *Filipendula*

Stellaria
(Sternmiere)

Die reinweißen Frühlingsblüten der Sternmiere sind von zarter Schönheit und ergänzen sehr gut leuchtendgefärbte Blumen. Echte Sternmiere (*S. holostea*) und Gras-Sternmiere (*S. graminea*) breiten sich stark aus und sollten auf wildere Bereiche des Gartens beschränkt bleiben. *S. gigantea* wächst gleichmäßiger und kompakter.
Größe: H: 15–30 cm; B: 45–60 cm. **Standort:** Schatten oder Halbschatten. **Frosthärte:** vollkommen winterhart. **Boden:** durchlässige, feuchte Erde. **Vermehrung:** durch Samen oder Teilung. **Verbreitung:** Europa; Nordamerika. **Pflanzpartner:** Leim-

kraut (*Silene*) und Hasenglöckchen (*Hyacinthoides non-scripta*).

Sternmiere siehe *Stellaria*

Stinkende Nieswurz siehe *Helleborus foetidus*

Storchschnabel siehe *Geranium*

Succisa pratensis
(Teufelsabbiß)

Ein buschiger Wuchs und eine große Anzahl purpurblauer knopfförmiger Blüten, die sich Mitte bis Ende des Sommers öffnen, machen diese Pflanze zu einer herrlichen Wildblume für Rabatten, Wiesen und Hecken.
Größe: H: 60–90 cm; B: 45 cm. **Standort:** Sonne oder Halbschatten. **Frosthärte:** vollkommen winterhart. **Boden:** jede durchlässige Erde. **Vermehrung:** durch Teilung oder Samen. **Verbreitung:** Europa. **Pflanzpartner:** *Scabiosa*, *Knautia*, Flockenblume (*Centaurea*) und spätblühende gelbe Korbblütler wie *Rudbeckia*.

Taubnessel siehe *Lamium*

Teufelsabbiß siehe *Succisa pratensis*

Trifolium
(Klee)

Klee ist nicht nur schön und eine gute Bienenweide, sondern spielt auch für die Bodenfruchtbarkeit einer Wiese eine wichtige Rolle, weil seine tiefreichenden Wurzeln den Boden auflockern und Luftstickstoff binden. Der Rotklee (*T. pratense*) mit seinen reizvollen Blüten und der etwas kleinere Weißklee (*T. repens*) sind schöne Ergänzungen für den Wildblumenrasen und blühen den ganzen Sommer. Der von Bauern angebaute Klee ist zu wuchsfreudig, um mit Wildblumen zu wachsen.

Größe: H: 10–30 cm; B: 20–30 cm. **Standort:** Sonne. **Frosthärte:** vollkommen winterhart. **Boden:** jede durchlässige Erde. **Vermehrung:** durch Samen (vor der Aussaat am besten in sehr heißem Wasser einweichen). **Verbreitung:** Europa. **Pflanzpartner:** kleine Wiesen-Wildblumen wie Braunelle (*Prunella vulgaris*), Gänseblümchen (*Bellis perennis*) und Gamander-Ehrenpreis (*Veronica chamaedrys*).

Veilchen siehe *Viola*

Vernonia

Die bis vor kurzem fast unbekannte *Vernonia* trägt vom Spätsommer bis weit in den Herbst hinein wundervolle purpurne Blüten. Sie gedeiht in Feuchtwiesen oder Präriegärten und setzt sich gut gegen Wildkräuter durch. *V. noveboracensis* ist am bekanntesten, doch es gibt viele ähnliche Arten.

Größe: H: 1,5–2,5 m; B: 45 cm. **Standort:** Sonne oder Halbschatten. **Frosthärte:** vollkommen winterhart. **Boden:** vorzugsweise feuchte Erde. **Vermehrung:** durch Teilung oder frische Samen. **Verbreitung:** Nordamerika. **Pflanzpartner:** gelbe Blumen wie Goldrute (*Solidago*), Sonnenhut (*Rudbeckia*) und Sonnenblume (*Helianthus*).

Vexiernelke siehe *Lychnis*

Vicia
(Wicke)

Wicken sind sommerblühende Mitglieder der Familie der Schmetterlingsblütler, die mit Ranken an anderen Wiesenpflanzen emporklettern. Die Vogelwicke (*V. cracca*) mit ihren dichtstehenden rosalila Blüten gehört zu den farbintensiveren Arten. Die Saatwicke (*V. sativa*) hat größere malvenfarbene Blüten. Eine weitere Gattung bunter Wildblumen mit ähnlichem Wuchs bilden die engverwandten Platterbsen (*Lathyrus*).

Größe: Wicken kriechen und klettern bis zu 2 m. **Standort:** Sonne. **Frosthärte:** vollkommen winterhart. **Boden:** jede durchlässige Erde. **Vermehrung:** durch Samen (vor der Aussaat in sehr heißem Wasser einweichen). **Verbreitung:** Europa; Nordamerika. **Pflanzpartner:** Gräser (die klettern) und andere Wiesen-Wildblumen.

Viola
(Veilchen, Wildes Stiefmütterchen)

Stiefmütterchen gehören von jeher zu den am meisten bevorzugten Gartenpflanzen, besonders reizvoll aber sind die zierlichen Wilden Stiefmütterchen mit ihren dreifarbigen Blüten. Häufig sind sie gelb, violett und malvenfarben, doch die Färbung fällt sehr unterschiedlich aus, da sich das Wilde Stiefmütterchen nicht nur leicht mit dem winzigen Feldstiefmütterchen kreuzt, sondern auch mit den verschiedenen Gartenformen. Die Unterscheidung der zahllosen *Viola*-Arten ist selbst für Botaniker nicht einfach. Für Wildblumengärtner aber sind diese Pflanzen eine reine Freude, weil sie an schattigen Plätzen gedeihen, freigebig blühen und sich reichlich aussamen. Die meisten blühen im Frühjahr, es gibt aber auch einige Arten, die fast das ganze Jahr Blüten tragen. Zwei davon sind das Duftveilchen (*V. odo-

Silene dioica
(Rote Lichtnelke)

rata*) und das Wilde Stiefmütterchen (*V. tricolor*), das Sonne bevorzugt und sich rasch aussamt.

Größe: H: 5–15 cm; B: 15–30 cm. **Standort:** die meisten bevorzugen Schatten, bei nicht zu trockenem Boden gedeihen sie auch in der Sonne. **Frosthärte:** vollkommen winterhart. **Boden:** jede durchlässige Erde. **Vermehrung:** durch Teilung, Samen und Stecklinge. **Verbreitung:** Europa. **Pflanzpartner:** Veilchen sehen zu Frühjahrsbeginn auf waldigen Flächen mit Kissenprimeln (*Primula vulgaris*) und Anemonen wunderhübsch aus.

Wasserdost siehe *Eupatorium*

Wicke siehe *Vicia*

Wiesenmargerite siehe *Leucanthemum vulgare*

Wilde Möhre siehe *Daucus carota*

Wildes Stiefmütterchen siehe *Viola*

Windröschen siehe *Anemone*

Wolfsmilch siehe *Euphorbia*

Register

Kursiv gedruckte Seitenzahlen beziehen sich auf die Abbildungen, **fett** gedruckte Seitenzahlen auf das Kapitel »Die wichtigsten Pflanzen für den Wildblumengarten«.

Abkürzungen bei den botanischen Pflanzennamen:
var. = varietas (Varietät)
syn. = Synonym

Danksagungen und Bildquellenverzeichnis

(Abk.: o = oben; u = unten; l = links; r = rechts; M = Mitte)

Bei der Entstehung dieses Buches war ich sowohl auf die persönliche wie auf die fachliche Hilfe vieler Personen angewiesen, darüber hinaus habe ich viel profitiert von dem, was namhafte Wildblumengärtner über ihre Erfahrungen zu sagen haben. Ihnen allen bin ich zu großem Dank verpflichtet.

Das ausführlichste Buch über Wildblumengärtnerei in Großbritannien ist John Stevens »The National Trust Book of Wild Flower Gardening« (Dorling Kindersley) und Violet Stevensons »The Wild Garden« (Windward). Das Hauptinteresse vieler Wildblumengärtner gilt der großen Bedeutung der Gärten für die Natur, und das klassische Buch zu diesem Thema ist Chris Baines »How to Make a Wildlife Garden« (Elm Tree Books).

Mein besonderer Dank gilt außerdem den Mitarbeitern des Verlages Conran Octopus, mit denen zusammenzuarbeiten mir viel Freude bereitet hat, vor allem aber meiner Freundin Jo Eliot für ihre nie ermüdende Unterstützung.

Der Verlag dankt Helen Ridge, Barbara Nash und Janet Smy sowie folgenden Fotografen und Institutionen für die freundliche Reproduktionsgenehmigung der für dieses Buch benötigten Abbildungen.

S. 1 John Glover; S. 2–3 Noel Kavanagh; S. 4–5 John Feltwell/Wildlife Matters; S. 6–7 John Feltwell/Wildlife Matters; S. 8 l Hugh Palmer; S. 8 r Ken Druse; S. 9 Michael Busselle; S. 10 Marijke Heuff (Priona Gardens, Holland); S. 11 l Jo Eliot; S. 11 r Andrew Lawson (Magdalen College); S. 12–13 Judy Glattstein; S. 14–15 Tania Midgley (Weeks Farm, Kent); S. 16 S & O Mathews (Stitches Farm House); S. 17 Marijke Heuff (Priona Gardens, Holland); S. 18 Hugh Palmer (East Lambrook Manor); S. 19 o Susan Witney; S. 19 u Annette Schreiner; S. 21 Photos Horticultural; S. 24 A–Z Botanical Collection; S. 25 Marijke Heuff (Priona Gardens, Holland); S. 27 o Brigitte Thomas; S. 27 u Marianne Majerus; S. 28 l Noel Kavanagh (Glen Chantry, Essex); S. 28 r Jerry Harpur (Great Dixter, Sussex); S. 30 Marijke Heuff/Garden Picture Library; S. 31 Annette Schreiner; S. 32 Jacqui Hurst (Great Warley Park, Essex); S. 33 Clive Nichols (Abbotswood Garden, Gloucestershire); S. 35 o Andrew Lawson (Hadspen House); S. 35 u Hugh Palmer; S. 36 Ken Druse; S. 37 Heather Angel; S. 39 o Annette Schreiner; S. 39 u A–Z Botanical Collection; S. 40 McCalmont/Garden Picture Library; S. 41 Michele Lamontagne; S. 42–43 John Feltwell/Wildlife Matters; S. 44 Annette Schreiner; S. 45 John Heseltine; S. 47 o Michael Busselle; S. 47 u John Feltwell/Wildlife Matters; S. 48 Gary Rogers; S. 49 Heather Angel; S. 50 Jerry Harpur/Elizabeth Whiting & Associates; S. 51 Eric Crichton; S. 52 Ken Druse; S. 53 Judy Glattstein; S. 54 l Noel Kavanagh (The Beth Chatto Gardens); S. 54 r A–Z Botanical Collection; S. 55 Noel Kavanagh (Westwick Cottage); S. 56 o Noel Kavanagh (The Beth Chatto Gardens); S. 56 u Clive Nichols (Dartington Hall Garden, Devon); S. 57 John Glover (Little Wakestowe, Sussex); S. 58 o Gary Rogers; S. 58 u Susan Witney; S. 59 Tommy Candler; S. 60 Heather Angel; S. 61 Gary Rogers/Garden Picture Library; S. 62 Heather Angel; S. 63 Michele Lamontagne; S. 64 Georges Leveque; S. 65 Heather Angel; S. 66 Annette Schreiner; S. 67 Heather Angel; S. 68–69 Jacqui Hurst (The Old Stores, Suffolk); S. 71 Susan Witney; S. 73 Michael Busselle; S. 75 Judy Glattstein; S. 76 Andrew Lawson (Chatsworth); S. 79 Andrew Lawson (Wisley); S. 83 Roger Hyam/Garden Picture Library; S. 84 Jacqui Hurst (Sawyer's Farm, Suffolk); S. 87 Andrew N. Gagg/Photos Flora; S. 89 Noel Kavanagh (The Magnolias, Essex); S. 93 Brigitte Thomas; S. 97 Marijke Heuff (Priona Gardens, Holland); S. 99–101 John Feltwell/Wildlife Matters; S. 102–103 Boys Syndication; S. 104 Clive Nichols (Painswick Rococo Garden); S. 105 Andrew Lawson; S. 106 John Heseltine; S. 107 Jacqui Hurst; S. 108–109 Michael Busselle; S. 110 Elizabeth Whiting & Associates; S. 112 A–Z Botanical Collection; S. 113 Harry Smith Collection; S. 114 Geoff Dann/Garden Picture Library; S. 116 John Glover; S. 117 A–Z Botanical Collection; S. 118 S & O Mathews; S. 119 Ken Druse; S. 120–121 Harry Smith Collection; S. 122 Heather Angel.